21 世纪高等学校计算机专业实用规划教材

C 语言程序设计

千锋教育高教产品研发部　编著

清华大学出版社

北京

内 容 简 介

本书以零基础讲解为宗旨，消除了枯燥乏味、层次结构混乱等缺陷，不会在初学者还不会编写一行代码的情况下，就开始讲解算法。

本书知识系统全面，吸取了多本 C 语言图书及教材的优点，全书共 14 章，涵盖 C 语言基础、函数、数据类型、条件选择语句、循环语句、数组、指针、函数与指针、字符串、基本数据结构、文件操作、预处理等主流 C 语言开发技术。为了使大多数读者都能看懂，本书采用朴实生动的语言来阐述复杂的问题，列举了大量现实生活中的例子进行讲解，真正做到通俗易懂。

本书面向初学者和中等水平的 C 语言开发人员、大专院校及培训学校的老师和学生，是牢固掌握主流 C 语言开发技术的必读之作。

图书在版编目（CIP）数据

C 语言程序设计/千锋教育高教产品研发部编著. —北京：清华大学出版社，2017（2024.8重印）
（21 世纪高等学校计算机专业实用规划教材）
ISBN 978-7-302-46889-9

Ⅰ．①C… Ⅱ．①千… Ⅲ．①C 语言—程序设计 Ⅳ．①TP312.8

中国版本图书馆 CIP 数据核字（2017）第 064067 号

责任编辑：贾 斌 李 晔
封面设计：胡耀文
责任校对：时翠兰
责任印制：杨 艳

出版发行：清华大学出版社
　　　　　网　　　址：https：//www.tup.com.cn，https：//www.wqxuetang.com
　　　　　地　　　址：北京清华大学学研大厦 A 座　　　　　邮　　编：100084
　　　　　社 总 机：010-83470000　　　　　邮　　购：010-62786544
　　　　　投稿与读者服务：010-62776969，c-service@tup.tsinghua.edu.cn
　　　　　质量反馈：010-62772015，zhiliang@tup.tsinghua.edu.cn
　　　　　课件下载：https：//www.tup.com.cn，010-83470236
印 装 者：三河市龙大印装有限公司
经　　销：全国新华书店
开　　本：185mm×260mm　　印　　张：20　　　　字　　数：484 千字
版　　次：2017 年 12 月第 1 版　　　　印　　次：2024 年 8 月第10次印刷
印　　数：9001～10000
定　　价：59.00 元

产品编号：073313-02

为什么要写这样一本书

当今的世界是知识爆炸的世界，科学技术与信息技术急速发展，社会事件层出不穷。但教科书却不能将这些知识内容随时编入，致使教科书的知识内容瞬息便会陈旧不实用，以致教材的陈旧性与滞后性尤为突出。在初学者还不会编写一行代码的情况下，就开始讲解算法，这样只会吓跑初学者，让初学者难以入门。

IT这个行业，不仅仅需要理论知识，更需要的是实用型、技术过硬、综合能力强的人才。所以，高校毕业生求职面临的第一道门槛就是技能与经验的考验。由于学校往往注重学生的素质教育和理论知识，而忽略了对学生的实践能力培养。

如何解决这一问题

为了杜绝这一现象，本书倡导的是快乐学习，实战就业。在语言描述上力求准确、通俗、易懂，在章节编排上力求循序渐进，在语法阐述时尽量避免术语和公式，从项目开发的实际需求入手，将理论知识与实际应用相结合。目标就是让初学者能够快速成长为初级程序员，并拥有一定的项目开发经验，从而在职场中拥有一个高起点。

千锋教育

前言 *foreword*

在瞬息万变的 IT 时代,一群怀揣梦想的人创办了千锋教育,投身到 IT 培训行业。六年来,一批批有志青年加入千锋教育,为了梦想笃定前行。千锋教育秉承用良心做教育的理念,为培养"顶级 IT 精英"而付出一切努力,为什么会有这样的梦想,我们先来听一听用人企业和求职者的心声:

"现在符合企业需求的 IT 技术人才非常紧缺,这方面的优秀人才我们会像珍宝一样对待,可为什么至今没有合格的人才出现?"

"面试的时候,用人企业问能做什么,这个项目如何来实现,需要多长的时间,我们当时都蒙了,回答不上来。"

"这已经是面试过的第十家公司了,如果再不行的话,是不是要考虑转行了?"

"这已经是参加面试的 N 个求职者了,为什么都是计算机专业,当问到项目如何实现时,怎么连思路都没有呢?"

这些心声并不是个别现象,而是中国社会反映出的一种普遍现象。当今的世界是知识爆炸的世界,科学技术与信息技术急速发展。但教科书却不能将这些知识内容随时编入,致使教科书的知识内容瞬息便会陈旧不实用,以致教材的陈旧性与滞后性尤为突出。高校的 IT 教育与企业的真实需求存在脱节,如果高校的相关课程仍然不进行更新的话,毕业生将面临难以就业的困境,很多用人单位表示,高校毕业生表象上知识丰富,但绝大多数在实际工作中用之甚少,甚至完全用不上高校学习阶段所学的知识。针对上述存在的问题,国务院也作出了关于加快发展现代职业教育的决定。很庆幸,千锋所做的事情就是配合高校达成产学合作。

千锋教育致力于打造 IT 职业教育全产业链人才服务平台,全国数十家分校,数百名讲师团坚持以教学为本的方针,全国采用面对面教学,传授企业实用技能,教学大纲实时紧跟企业需求,拥有全国一体化就业体系。千锋的价值观是"做真实的自己,用良心做教育"。

针对高校教师的服务

1. 千锋教育基于六年来的教育培训经验，精心设计了包含"教材＋授课资源＋考试系统＋测试题＋辅助案例"的教学资源包，节约教师的备课时间，缓解教师的教学压力，显著提高教学质量。

2. 本书配套代码视频，索取网址：http：//www.codingke.com/。

3. 本书配备了千锋教育优秀讲师录制的教学视频，按本书知识结构体系部署到了教学辅助平台（扣丁学堂）上，可以作为教学资源使用，也可以作为备课参考。

高校教师如需索要配套教学资源，请关注（扣丁学堂）师资服务平台，扫描下方二维码关注微信公众平台索取。

扣丁学堂

针对高校学生的服务

1. 学 IT 有疑问，就找千问千知，它是一个有问必答的 IT 社区，平台上的专业答疑辅导老师承诺工作时间 3 小时内答复您学习 IT 中遇到的专业问题。读者也可以通过扫描下方的二维码，关注千问千知微信公众平台，浏览其他学习者在学习中分享的问题和收获。

2. 学习太枯燥，想了解其他学校的伙伴都是怎样学习的？你可以加入扣丁俱乐部。"扣丁俱乐部"是千锋教育联合各大校园发起的公益计划，专门面向对 IT 有兴趣的大学生提供免费的学习资源和问答服务，已有超过 30 多万名学习者获益。

就业难，难就业，千锋教育让就业不再难！

千问千知

关于本书

本书由清华大学出版社技术编审委员会委员、微软全球最有价值专家胡耀文担任主编。本书既可作为高等院校本、专科计算机相关专业的入门教材，也可作为计算机基础的培训教材，其中包含了千锋教育 C 语言基础全部的课程内容，是一本适合广大计算机编程爱好者的优秀读物。

抢红包

本书配套源代码、习题答案的获取方法：添加小千 QQ 号或微信号 2570726663。

注意！小千会随时发放"助学金红包"。

致谢

本教材由千锋教育高教产品研发团队编写，研发小组成员有胡耀文、杨轩、曹秀秀、孙建超。大家在这近一年里翻阅了大量 C 语言图书，并从中找出它们的不足，通过反复的修改最终完成了这本著作。另外，院校老师李文法、衣俊艳、张蕾、王廷梅等人也参与了教材的部分编写与修订工作，除此之外，还有千锋教育 500 多名学员也参与到了教材的试读工作中，他们站在初学者的角度对教材提供了许多宝贵的修改意见，在此一并表示衷心的感谢。

意见反馈

在本书的编写过程中，虽然力求完美，但难免有一些不足之处，欢迎各界专家和读者朋友们给予宝贵意见，联系方式：huyaowen@1000phone.com。

北京千锋互联科技有限公司　高教产品研发部

2017 年 8 月于北京

目录

contents

第1章

初识 C 语言

本章学习目标
- 了解计算机语言
- 了解 C 语言发展历程
- 熟悉 C 语言主流开发环境
- 编写第一个 C 程序

近年来,C 语言不仅是计算机专业学生的必修课,也是许多非计算机专业学生所青睐的技术学科。它具有简洁紧凑、灵活方便、适用范围大、可移植等优点,是应用最为广泛的一种高级程序设计语言。

1.1 计算机语言概述

计算机语言是用于人与计算机间通信的语言,为使计算机进行各种不同的工作,就需要有一种专门用来编写计算机程序的字符、数字和语法规则,而这些规则构成计算机的指令。计算机语言分机器语言、汇编语言和高级语言 3 种,下面分别进行详细讲解。

1.1.1 机器语言

计算机工作基于二进制,它只能识别和接受由 1 和 0 组成的指令,其中 1 表示通电,0 表示断电,这种计算机能直接识别和接受的二进制代码称为机器指令,如图 1.1 所示。机器指令的集合就是该计算机的机器语言,机器语言具有灵活、直接执行和速度快等特点。

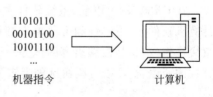

图 1.1　机器指令

不同型号的计算机其机器语言是不相通的,按照一种计算机的机器指令编制的程序,不能在另一种计算机上执行。因此用机器语言编写程序,编程人员要首先熟记所用计算机的全部指令代码和代码的含义。而且,编写出来的程序都是 0 和 1 的指令代码,直观性差,容易出错。因此只有极少数的计算机专业人员会学习和使用机器语言,绝大多数的程序员不再学习机器语言。

1.1.2　汇编语言

尽管机器语言对计算机来说很好懂也很好用,但是对于编程人员来说,记住 0 和 1 组成的指令简直就是煎熬,为了解决机器语言的难记忆问题,汇编语言诞生了,它用简洁的符号串或字母来替代不易记忆的机器语言,而计算机识别不了符号串,这就需要一个将这些符号翻译成机器语言的程序,这种程序称为汇编程序,如图 1.2 所示。汇编程序里一条指令只能对应实际操作中一个很细小的动作,例如自增、移动,所以汇编源程序一般比较繁长、易出错,并且使用汇编语言编程需要有扎实的计算机知识,才能编出高质量的代码。

图 1.2　汇编指令

1.1.3　高级语言

绝大多数编程者喜欢高级语言,它简化了程序中的指令,略去了很多细节,并且与计算机的硬件关系不大,更利于程序员编程。此外,高级语言经历了结构化程序设计和面向对象程序设计,使得程序可读性、可靠性、可维护性都得到了增强。常见的高级语言包括 VB、C、C++、Java、C♯、Python 等。

1.2　C 语言的历史与特征

1.2.1　C 语言的起源

在 C 语言诞生以前,系统软件主要是用汇编语言编写的,由于汇编语言程序依赖于计算机硬件,其可读性和可移植性都极差,一般的高级语言又难以实现对计算机硬件的直接操作(这正是汇编语言的优势),于是人们迫切希望有一种兼有汇编语言和高级语言特性的新语言,C 语言就在这种需求下应运而生。

1.2.2　C 语言的发展

C 语言的发展颇为有趣。它的原型是 ALGOL 60 语言(也称为 A 语言)。

1963 年,剑桥大学将 ALGOL 60 语言发展成为 CPL(Combined Programming Language)语言。

1967 年,剑桥大学的马丁·理查兹(Matin Richards)对 CPL 语言进行了简化,于是产生了 BCPL 语言。

1970 年，美国贝尔实验室的肯·汤普森(Ken Thompson)将 BCPL 进行了修改，并为它起了一个有趣的名字"B 语言"，其含义是将 CPL 语言煮干，提炼出它的精华，并且他用 B 语言写了第一个 UNIX 操作系统。

1973 年，美国贝尔实验室的丹尼斯·里奇(Dennis M. Ritchie，见图 1.3)在 B 语言的基础上设计出了一种新的语言，他取了 BCPL 的第二个字母作为这种语言的名字，即 C 语言。

1978 年，布赖恩·凯尼汉(Brian W. Kernighan)和丹尼斯·里奇(Dennis M. Ritchie)出版了名著 *The C Programming Language*，从而使 C 语言成为目前世界上流传最广的高级程序设计语言。

早期的 C 语言主要是用于 UNIX 系统，由于 C 语言的强大功能和各方面的优点逐渐为人们认识，到了 20 世纪 80 年

图 1.3 C 语言之父

代，C 语言开始进入其他操作系统，并很快在各类大、中、小和微型计算机上得到了广泛的使用，成为当代最优秀的程序设计语言之一。

1.2.3 C 语言标准

随着微型计算机的日益普及，出现了许多 C 语言版本。由于没有统一的标准，使得这些 C 语言之间出现了一些不一致的地方。为了改变这种情况，美国国家标准学会(ANSI)于 1989 年为 C 语言制定了一套 ANSI 标准，即 C 语言标准 ANSI X3.159—1989，被称为 C89。之后在 1990 年，国际标准化组织(ISO)也接受了同样的标准 ISO 9899—1990，该标准被称为 C90。这两个标准只有细微的差别，因此，一般而言 C89 和 C90 指的是同一个 C 语言标准。

在 ANSI 发布了 C89 标准以后，C 语言的标准在一段相当长的时间内都保持不变，直到 1999 年，ANSI 通过了 C99 标准，C99 标准相对 C89 做了很多修改，增加了基本数据类型、关键字和一些系统函数等，这个版本就是人们通常所说的 C99。但由于很多编译器仍然没有对 C99 提供完整的支持，因此本书将按照 C89 标准来进行讲解，在适当时会补充 C99 标准的规定和用法。

1.2.4 C 语言的特征

C 语言具备很强的数据处理能力，因此，操作系统和大型应用软件都是用 C 语言编写的，它的主要特征如下：

1. 简洁紧凑、灵活方便

C 语言一共只有 32 个关键字、9 种控制语句，程序书写自由，主要用小写字母表示。它把高级语言的基本结构和语句与低级语言的实用性结合起来。

2. 运算符丰富

C 的运算符包含的范围很广泛，共有 34 个运算符。C 语言把括号、赋值、强制类型转

换等都作为运算符处理,从而使 C 的运算类型极其丰富,表达式类型多样化。灵活使用各种运算符可以实现在其他高级语言中难以实现的运算。

3. 数据结构丰富

C 的数据类型有整型、实型、字符型、数组类型、指针类型、结构体类型、共用体类型等,这些数据类型能用来实现各种复杂的运算。C 语言引入了指针概念,使程序效率更高。另外 C 语言具有强大的图形功能,支持多种显示器和驱动器;且计算功能、逻辑判断功能强大。

4. 结构式语言

结构式语言的显著特点是代码及数据的分隔化,即程序的各个部分除了必要的信息交流外彼此独立。这种结构化方式可使程序层次清晰,便于使用、维护以及调试。C 语言是以函数形式提供给用户的,可方便地调用这些函数,并具有多种循环、条件语句控制程序流向,从而使程序完全结构化。

5. 程序设计自由

一般的高级语言语法检查比较严,能够检查出几乎所有的语法错误。而 C 语言允许程序编写者有较大的自由度。

6. 直接访问物理地址

C 语言可直接访问物理地址,它能够像汇编语言一样对位、字节和地址进行操作。正是由于 C 语言可直接对硬件进行操作这一特征,所以它通常用来编写系统软件。

7. 程序执行效率高

C 语言程序生成代码质量高,程序执行效率高(一般只比汇编程序生成的目标代码效率低 10%～20%)。

8. 可移植

C 语言有一个突出的优点就是适合于多种操作系统,如 DOS、UNIX,也适用于多种机型。

1.3　主流开发环境

较早期程序设计的各个阶段都要用不同的软件来进行处理,如先用文字处理软件编辑源程序,然后用链接程序进行函数、模块连接,再用编译程序进行编译,开发者必须在几种软件间来回切换操作。

现在的编程开发软件将编辑、编译、调试等功能集成在一个桌面环境中,这就是集成开发环境,又称 IDE(Integrated Development Environment),从而大大方便了用户。

IDE 为用户使用 C、C++、Java 和 Delphi 等现代编程语言提供了方便。不同的技术体系有不同的 IDE。比如 Visual Studio 可以称为 C、C++、VB、C♯等语言的集成开发环境,所以 Visual Studio 可以叫作 IDE。同样,Borland 的 JBuilder 也是一个 IDE,它是 Java 的 IDE。Eclipse 也是一个 IDE,可以用于开发 Java 语言和 C++语言。下面将介绍几种主流的 C 语言开发环境。

1.3.1 Code∷Blocks

Code∷Blocks 是一个体积小、开放源码、免费的跨平台 C/C++集成开发环境,它提供了大量的工程模板,支持插件,并且具有强大而灵活的配置功能,是目前主流的开发环境。

1.3.2 Microsoft Visual Studio

Microsoft Visual Studio 是美国微软公司推出的集成开发环境。它包括整个软件生命周期中所需要的大部分工具,如代码管控工具、集成开发环境等,但软件体积偏大,目前最新版本为 Visual Studio 2017。

1.3.3 Eclipse

Eclipse 是用于 Java 语言开发的集成开发环境,现在 Eclipse 已经可以用来开发 C、C++、Python 和 PHP 等众多语言,此外,也可以安装插件,比如 CDT 是 Eclipse 的插件,它使得 Eclipse 可以作为 C/C++的集成开发环境。

1.3.4 Vim

Vim 是一个功能强大的文本编辑器,它是从 Vi 编辑器发展过来的,可以通过插件扩展功能来达到和集成开发环境相同的效果。因此,Vim 有的时候也被程序员当作集成开发环境使用。

1.3.5 Microsoft Visual C++ 6.0

Microsoft Visual C++ 6.0,简称 VC6.0,是微软于 1998 年推出的一款 C++编译器,集成了 MFC 6.0,包含标准版(Standard Edition)、专业版(Professional Edition)与企业版(Enterprise Edition)。发行至今一直被广泛地用于大大小小的项目开发。本书假设开发环境为 Microsoft Visual C++ 6.0。

1.4 第一个 C 程序

通过前面对 C 语言的介绍,相信大家已经对 C 语言产生了浓厚的兴趣,下面正式开启 C 语言的编程之旅。为了让初学者对学习 C 语言产生足够的信心,第一个程序尽量简短,如例 1-1 所示。

例 1-1

```
1    #include <stdio.h>
2    int main()
3    {
4        printf("Hello World!\n");
5        return 0;
6    }
```

输出:

Hello World!

分析:

例 1-1 中代码实现了一个 C 程序,在屏幕上输出"Hello World!"信息。接下来对例 1-1 中的代码做详细说明,如图 1.4 所示。

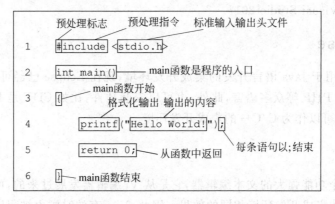

图 1.4 Hello World 程序分析

第 1 行:字符"#"是预处理标志,用来对文件进行预处理操作。预处理标志表示该行代码要最先处理,所以它要在编译器编译代码之前运行。include 是预处理指令。它后面跟着一对尖括号,表示将尖括号中的文件在这里读入。stdio 是 standard input output 的缩写形式,即"标准输入输出",stdio.h 就是标准输入输出头文件,这个头文件中声明了用于输入或输出的函数。由于此程序中用到了输出函数 printf(),因此需要添加输入输出头文件。

第 2 行:声明了一个 main 函数(也称主函数),其中 int 是函数的返回值类型,每个函数都需要注明其返回值类型,表示在函数结束后,要向操作系统返回的数值类型。"()"则表明是一个函数。main 函数的本质是"函数",但它与普通函数有着本质的区别,普通函数需要由其他函数调用或者激活,main 函数则是在程序开始时自动执行。每个 C 程序都有一个 main 函数,它是程序的入口。在上面的 C 程序中,main 函数实现了屏幕上输出"Hello World!"的功能。

第 3 行：左大括号"{"表示函数的开始。

第 4 行：使用 printf 函数来输出一行信息。printf 是 print format 的缩写，print 是打印的意思，format 是格式化的意思，printf 则是格式化输出或者按格式输出。"（）"则表明 printf 是一个函数名，其中放置的是 main 函数传递给 printf 函数的信息。如上面程序中的"Hello World!"这个信息叫作参数，完整的名称为函数的实际参数。printf 函数接收到 main 函数传递给它的参数，然后将双引号之间的内容按照一定的格式输出到屏幕上。

第 5 行：return 关键字，表示返回，作用是从函数中返回，后面跟着要返回的值——0。由于该句被添加到 main 函数中，表示 main 函数向操作系统返回一个 0 值（普通函数在执行完毕后，都会返回一个执行结果，return 将这个执行结果返回给操作系统）。操作系统通过返回值来了解程序退出的状态，一般用 0 表示正常，用 1 表示异常。如果返回值类型为 void，return 后面则不用跟返回值，直接写 return 即可终止函数的运行。

第 6 行：右大括号"}"表示函数的结束。

! 注意：

在对 main 函数进行声明时，可能会发现这样的写法：main()，它没有为 main 函数注明返回值类型。

在 C 语言中，凡是未注明返回值类型的函数，就会被编译器作为返回整型值处理。这个写法在 C90 标准中还是勉强允许的，但是到了 C99 标准就不予通过了，因此不要这样写 main 函数。

另外，还可能会有这样的写法：void main()。

void 作为返回值类型时，表示"无类型"，常用在对函数的参数类型、返回值、函数中的指针类型进行声明。由于任何函数都必须注明返回值类型，void 则表示 main 函数没有返回值。有些编译器允许这种写法，有些则不允许，因此考虑到 C 语言的移植性，要尽量采用标准写法：int main()。

1.5　C 程序运行流程

C 语言并不能直接被计算机所理解，需要将 C 语言转变成可执行代码，即二进制代码。在 C 语言转变成二进制可执行代码时，是以工程为单位的。而一个工程中往往会包含多个 C 文件。因此，需要将每个 C 文件都编译成二进制代码。此时，每个 C 文件所对应的二进制代码是独立的。由于工程是一个系统，所以需要将所有的 C 文件二进制代码链接到一起，形成一个工程的可执行文件。一般程序的运行流程包括编辑、编译、链接、运行四个环节，运行 C 语言时也需经过这四个环节。

1. 编辑

编辑类似于文本编辑，将程序代码输入进去，可以修改、增加、删除。

2. 编译

编译是将 C 代码转换成 CPU 可执行机器指令的过程，每个.c 文件生成一个.obj 文件。

3. 链接

链接是把生成的（多个）.obj文件及用到的库文件（.lib）一起组合生成可执行文件（.exe）。

4. 运行

运行是指运行链接环节生成的可执行文件，得到预期结果的过程。

为了让大家更直观地了解C程序的运行流程，下面通过图例来进行演示，具体如图1.5所示。

图1.5中，首先编写好C程序，然后将每个.c文件生成一个.obj文件，再将生成的.obj文件及用到的库文件（.lib）一起组合生成可执行文件（.exe），最后运行达到预期的结果。

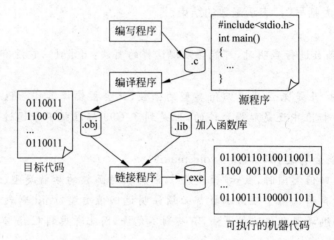

图1.5　C程序运行流程图

1.6　本章小结

通过本章的学习，大家能够对C语言及其相关特性有初步的认识，重点要掌握的是能编写出一个简单的C程序，理解C程序的运行机制。

1.7　习　　题

1. 填空题

（1）计算机语言分为机器语言、汇编语言、_____ 3种。

（2）C语言程序是从_____开始执行的。

（3）在C语言程序中，标准输入输出头文件是_____。

（4）C语言程序运行流程包括编辑、_____、链接、运行4个环节。

（5）C 语言源程序文件后缀是_____。

2. 选择题

（1）下列选项中,不属于 C 语言开发工具的是(　　)。

    A. AutoCAD　　　　　　　　　B. Code∷Blocks

    C. Eclipse　　　　　　　　　　D. Vim

（2）下面选项中表示程序入口函数的是(　　)。

    A. printf()　　　　　　　　　　B. include

    C. main()　　　　　　　　　　D. return

（3）(　　)是 C 程序的基本构成单位。

    A. 函数　　　　　　　　　　　B. 函数和过程

    C. 超文本过程　　　　　　　　D. 子程序

（4）以下选项中,不属于 C 语言特征的是(　　)。

    A. 数据结构丰富　　　　　　　B. 运算符丰富

    C. 可移植　　　　　　　　　　D. 面向对象

（5）任何 C 语句必须以(　　)结束。

    A. 句号　　　　　　　　　　　B. 分号

    C. 冒号　　　　　　　　　　　D. 感叹号

3. 思考题

（1）C 语言有哪些特点?

（2）C 语言以函数为程序的基本单位,有什么好处?

（3）C 语言程序的运行过程经历哪几个步骤?

（4）C 语言程序的一般结构由哪几部分组成?

4. 编程题

编写一个 C 程序,输出以下信息。

```
*********************************
*   Welcome to learn C language !   *
*********************************
```

第 2 章

表达式与运算符

本章学习目标

- 熟练掌握注释
- 熟练掌握语句
- 熟练掌握块
- 熟练掌握表达式
- 熟练掌握运算符

在实际生活中,想要盖一栋房子,那么首先需要知道盖房都需要哪些材料,以及如何将它们组合使用,同样,要使用 C 语言开发出一款软件,就必须充分了解 C 语言的基础知识。

2.1 注 释

注释即对程序代码的解释,在写 C 程序时应当多用注释,以方便自己和别人理解程序各部分的作用。在程序进行预编译处理时将每个注释替换为一个空格,因此在编译时注释部分不产生目标代码,注释对运行不起作用。注释只是给人看的,而不是让计算机执行的。接下来通过一个案例来演示注释的作用,具体如例 2-1 所示。

例 2-1

```
1   # include <stdio.h>
2   int main()
3   {
4       /* printf 函数的作用是将双引号之间的信息输出到屏幕上,
5       如向屏幕上输出: "Hello World!" */
6       printf("Hello World!\n");
7       printf("Hello Everybody!");
8       //main 函数返回操作系统的值为 0
9       return 0;
10  }
```

■ 输出：

```
Hello World!
Hello Everybody!
```

📄 分析：

第 4～5 行：以 / * 开始，以 * /结束的注释，这种注释可以包含多行内容。它可以单独占一行(在行开头以 / * 开始，行末以 * /结束)，也可以包含多行。编译系统在发现一个 / * 后，会开始找注释结束符 * /，把二者间的内容作为注释，因此使用多行注释时，一定要 / * 和 * /成对出现，且不可嵌套。

第 6 行：调用 printf 函数向屏幕输出"Hello World!"，此时双引号之间多了一个字符"\n"，但并没有输出它，这是因为"\n"是不可打印的字符，所以在输出"Hello World!"之后立即切换到下一行的开头。

第 7 行：在新的一行输出"Hello Everybody!"。

第 8 行：以//开始的单行注释。这种注释可以单独占一行，也可以出现在一行中其他内容的右侧。用//注释是 C99 标准新增加的一种注释，由于普遍应用于 C++或 Java 中，所以又称为 C++注释。注释的范围从//开始，以换行符结束。也就是说，这种注释不能跨行。如果注释内容一行内写不下，可以用多个单行注释。注意有些 C 编译器不支持 C99 这一新特性，因此在这些编译器中不能使用//注释。

❓ 释疑：

例 2-1 中，第 6 行用到了"\n"来换行，其中\是转义字符，它改变了后面字母的本意，如例 2-1 中的字母 n 被改变为回车换行符。换行符的作用是在下一行的最左边开始新的一行，它等同于键盘上的 Enter 键。但 Enter 键是针对编译器的命令，而不是代码中的指令，按 Enter 键只是告诉编译器要切换到下一行来写代码，它并不会影响程序的输出和显示。而"\n"会影响到程序的输出和显示，如它会让"\n"后面的内容切换到下一行的行首来输出。

❗ 注意：

修改代码的时候，一定不要忘记修改该行代码所对应的注释。

2.2　语　　句

程序中对计算机的操作是由 C 语句完成的。如赋值、输入输出数据的操作都是由相应的 C 语句实现的。C 程序书写格式是比较自由的。一行内可以写几个语句，一个语句可以分写在多行上，但为了程序的清晰，习惯上每行只写一个语句。在人们的日常生活中，句号通常作为语句末尾的标点，而在 C 语言中则使用分号作为语句的结束。因此，单一的分号也算是一条语句，如：

```
;
```

上面的分号也是一条语句,是条空语句,它表示什么也不执行。

由此可知,例 2-1 中的输出语句具体格式如下:

```
printf("Hello World!\n");
printf("Hello Everybody!");
```

上面是两条输出语句。程序中最常见的语句是赋值语句,具体格式如下:

```
int a = 5;
```

注意这里的“＝”和数学中的等于号不一样,这里的“＝”表示赋值,上面语句实现的功能并不是 a 等于 5,而是将 a 的值变成 5。在程序中可能还会有复杂一点的语句,具体格式如下:

```
sum = a + b;
```

上面语句的作用是将 a＋b 的结果赋值给 sum,虽然该语句完成了将 a 和 b 相加和将两者的和赋值给 sum,但它仍然是一条语句,因为它只有一个分号。

语句中的空格一般忽略不计,如将上面的语句添加空格,具体格式如下所示:

```
sum    =  a +    b ;
```

上面语句中的空格将忽略不计,它与“sum＝a＋b;”是相同的,有时为了便于查看,可能需要适当地添加空格。但是如果加入过多的空格,可能导致程序看起来很不美观,而且在上面的语句中也没有显示出什么特殊用途,因此建议不要在语句中添加过多的空格。

2.3 块

块是以左大括号开始,以右大括号结束,中间允许存放多条语句,具体格式如下所示:

```
{
    printf("Hello World!\n");
    return 0;
}
```

上面的块中虽然有多条语句,但是它们都在同一个块中,因此也是一条语句,这种在同一个块中的多条语句称为复合语句,上面复合语句的作用是输出“Hello World!”,然后返回 0。

由于函数通常是以左大括号开始,以右大括号结束,所以一般将函数中被大括号括起来的部分称为函数块,也称函数体。

2.4 表 达 式

表达式是用于计算值的操作,它返回一个值,具体格式如下:

```
2 + 3
5
```

上面的两个式子都是表达式,第一个式子返回 2+3 的和 5,第二个式子直接返回 5,因此常量可以看作是表达式。上面的两个式子都是比较简单的表达式,实际编程中可能有些复杂的表达式,具体格式如下:

```
sum = a + b
```

上面的表达式是将 a 和 b 相加的结果赋值给 sum,同时返回 sum 的值。因为它是一个表达式,所以可以将它放到赋值运算符的右侧,从而构成一个新的表达式。具体格式如下:

```
y = x = sum = a + b
```

上面的表达式首先是计算 a+b 的结果赋值给 sum,然后将 sum 的值赋给 x,最后将 x 赋值给 y。接下来通过一个案例来具体演示这个表达式,如例 2-2 所示。

例 **2-2**

```
1    # include < stdio. h >
2    int main( )
3    {
4        int a = 3, b = 5, sum = 7, x, y;
5        y = x = sum = a + b;
6        printf(" % d\n", y);
7        return 0;
8    }
```

输出:

```
8
```

分析:

第 4 行:定义了 5 个变量 a、b、sum、x 和 y,并将它们的值初始化。

第 5 行:执行表达式 y = x = sum = a + b。

a 和 b 的值为 3 和 5,两者相加为 8,将 8 赋值给 sum,然后将 sum 的值赋给 x,最后将 x 的值赋给 y,因此 y 的值为 8,而表达式最终结果也为 8。

第 6 行：输出表达式的最终结果，即输出 y 的值，"%d"表示输出的将是一个整数。它对应着双引号后面的 y。这样 y 的值 8 将会在"%d"的位置处输出。

2.5 表达式语句

C 语言中用表达式来实现运算操作，表达式组成的语句称为表达式语句。具体示例如下：

```
int a = 5;
a;
```

第 1 行为 a 赋了初始值为 5，同时返回 a 的值为 5，因此"int a = 5"是一个表达式，由于末尾多了一个分号，所以它是一个表达式语句。第 2 行直接返回 a 的值 5，末尾也多了一个分号，因此第 2 行也算是一个表达式语句。

从上面的表达式语句可以看出，所有的表达式语句都是语句。

2.6 运 算 符

几乎每一个程序都需要进行运算，对数据进行加工处理，否则程序就没有意义了。要进行运算，就需规定可以使用的运算符。C 语言的运算符范围很大，把除了控制语句和输入输出以外的几乎所有的基本操作都作为运算符处理，例如，将赋值符"="作为赋值运算符、方括号作为下标运算符等。本节将介绍 C 语言中常用的几种运算符。

2.6.1 常用运算符

运算符用于执行程序代码运算，会针对一个以上操作数项目来进行运算。例如，"2+3"，其操作数是 2 和 3，而运算符则是"+"。接下来通过一个列表来了解一下 C 语言中的常用运算符，如表 2.1 所示。

表 2.1 C 语言常用运算符

含　　义	运　算　符
数学运算符	+、-、*、/、%
自增自减运算符	++、--
赋值运算符	=
复合赋值运算符	+=、-=、*=、/=、%=、>>=、<<=、&=、|=、^=
负号运算符	-
关系运算符	>、<、==、!=、>=、<=
逻辑运算符	!、&&、||
位运算符	~、|、^、&、<<、>>
条件运算符	?:

续表

含　　义	运　算　符
逗号运算符	,
指针运算符	*
取地址运算符	&
求字节数运算符	sizeof
强制类型转换运算符	(类型)
指向结构体成员运算符	->
结构体成员运算符	.
下标运算符	[]
函数调用运算符	{}
括号运算符	()

程序中最常用的是数学运算符、括号运算符、赋值运算符、自加自减运算符和负号运算符。本节只介绍几种最常用的运算符,其他运算符会在后面的章节进行介绍。

2.6.2　数学运算符

数学运算符用来完成各种数学运算。接下来通过一个列表来观察 C 语言的数学运算符与数学中的运算符在使用上的区别,如表 2.2 所示。

表 2.2　数学运算符

运　算　符	含　　义	举　　例	结　　果
−	负号运算符	−5	−5
*	乘法运算符	2 * 3	6
/	除法运算符	4 / 2	2
%	求模运算符	5 % 2	1
+	加法运算符	2 + 3	5
−	减法运算符	3−2	1

加减乘除运算符和数学中的四则运算相通,都比较简单,这里不再详细讲解,接下来重点介绍求模运算符%。

求模运算符%用来求出两个操作数相除的余数。例如,5 除以 3 的结果为 1 余 2,求模运算的结果为 2。这里需要注意,求模运算符%两侧只能是整数,结果的正负取决于被求模数(即运算符左侧的操作数)。例如(−5)%3,结果为−2。接下来通过一个案例来演示取模运算符的使用,具体如例 2-3 所示。

例 2-3

```
1  # include < stdio.h>
2  int main()
3  {
4    printf(" % d\n",5 % 3);
```

```
5      printf(" % d\n",( - 5) % 3);
6      printf(" % d\n",5 % ( - 3));
7      return 0;
8   }
```

输出：

```
2
 - 2
2
```

分析：

第 4 行：输出 5%3 的结果为 2。

第 5 行：输出(−5)%3 的结果为−2。

第 6 行：输出 5%(−3)的结果为 2。

大家都知道,在数学运算中要先算乘除后算加减,在 C 程序设计时也遵循这个原则,即乘法和除法的优先级高于加法和减法。接下来通过一个表达式语句来演示优先级,具体格式如下：

```
2 + 3 * 6 - 5;
```

上面的表达式语句中乘法的优先级高于加法和减法,而且四则运算都是左结合,先执行 3 * 6,然后执行加法,最后执行减法,因此最终结果为 15。如果要先执行加减,再执行乘法,就需要借助括号来改变运算执行顺序,具体格式如下：

```
(2 + 3) * (6 - 5);
```

上面的表达式语句会执行括号内的加法和减法,然后再执行括号外的乘法运算,因此结果为 5。

2.6.3 赋值运算符

赋值运算符用来对操作数进行赋值。具体格式如下：

```
a = 3;
```

上面语句中的"="不是数学中的"等号",而是赋值运算符,它的作用是将赋值运算符右侧的值赋给左侧,右侧的值为 3,赋给左侧的 a 后,a 的值也为 3。

注意：

常量必须放在赋值运算符的右侧,不能放在左侧。如 3 放到右侧是可以的,但是不能放到左侧,如

```
3 = a;
```

这样写是错误的,因为不能将 a 的值赋给 3,3 是不可变的。

2.6.4　复合赋值运算符

赋值运算符与其他运算符组合可以构成复合赋值运算符,C 语言中一共有 10 种复合赋值运算符。接下来通过表格来演示复合赋值运算符,具体如表 2.3 所示。

表 2.3　复合赋值运算符

运 算 符	含　　义	举　　例	结　　果
+=	加法赋值运算符	a += 2	a + 2
-=	减法赋值运算符	a -= 2	a - 2
*=	乘法赋值运算符	a *= 2	a * 2
/=	除法赋值运算符	a /= 2	a / 2
%=	取模赋值运算符	a %= 2	a % 2
>>=	按位右移赋值运算符	a >>= 2	a >> 2
<<=	按位左移赋值运算符	a <<= 2	a << 2
&=	按位与赋值运算符	a &= 2	a & 2
|=	按位或赋值运算符	a |= 2	a | 2
^=	按位异或赋值运算符	a ^= 2	a ^ 2

表 2.3 中,前 5 种用于算术运算,后 5 种用于位运算。本节只讲解前面 5 种用于算术运算的复合赋值运算符,后面 5 种在后面的章节讲解。

1. 加法赋值运算符

加法赋值运算符是将加法运算符和赋值运算符组合。具体格式如下:

```
a + = 2;
```

上面的语句先将 a 的值加 2,然后再赋给 a。假如 a 的值为 1,那么执行 a += 2 后,a 的值为 3。

2. 减法赋值运算符

减法赋值运算符是将减法运算符和赋值运算符组合。具体格式如下:

```
a - = 2;
```

上面的语句先将 a 的值减 2,然后再赋给 a。假如 a 的值为 2,那么执行 a -= 2 后,a 的值为 0。

3. 乘法赋值运算符

乘法赋值运算符是将乘法运算符和赋值运算符组合。具体格式如下:

```
a * = 2;
```

上面的语句先将 a 的值乘 2,然后再赋给 a,假如 a 的值为 1,那么执行 a * = 2 后,a 的值为 2。

4. 除法赋值运算符

除法赋值运算符是将除法运算符和赋值运算符组合。其格式如下：

```
a / = 2;
```

上面的语句先将 a 的值除以 2,然后再赋给 a,假如 a 的值为 8,那么执行 a / = 2 后,a 的值为 4。

5. 取模赋值运算符

取模赋值运算符是将取模运算符和赋值运算符组合。其格式如下：

```
a % = 2;
```

上面的语句先将 a 的值除以 2,取余数,然后再将余数赋给 a,这样假如 a 的值为 5,那么执行 a % = 2 后,a 的值为 1。

接下来通过一个案例来验证上面所讲的 5 种复合赋值运算符。具体如例 2-4 所示。

例 2-4

```
1    # include < stdio.h >
2    int main()
3    {
4        int a = 1,b = 2,c = 1,d = 8,n = 5;
5        printf("% d\n",a += 2);
6        printf("% d\n",b -= 2);
7        printf("% d\n",c * = 2);
8        printf("% d\n",d/ = 2);
9        printf("% d\n",n % = 2);
10       return 0;
11   }
```

■ 输出：

```
3
0
2
4
1
```

📑 **分析：**

第 4 行：定义了 a、b、c、d 和 n，并相应地赋初始值。

第 5 行：输出 a ＋＝ 2 的结果为 3。

第 6 行：输出 b －＝ 2 的结果为 0。

第 7 行：输出 c ＊＝ 2 的结果为 2。

第 8 行：输出 d ／＝ 2 的结果为 4。

第 9 行：输出 n ％＝ 2 的结果为 1。

⚠ **注意：**

复合赋值运算符右侧可以是带运算符的表达式。如：

a ＊ ＝ 1 ＋ 2;

该语句等同于：

a ＝ a ＊ (1 ＋ 2);　　　　　// ＊ ＝ 运算符右侧的值必须先求出来，所以要加括号

而不等同于：

a ＝ a ＊ 1 ＋ 2;　　　　　//不加括号则是另外一个结果，严重错误

C 语言采用复合赋值运算符是为了简化程序，计算机更容易理解采用复合赋值运算符的表达式，可以提高编译效率。

2.6.5　自加/自减运算符

C 语言提供了两个用于变量递增与递减的特殊运算符。自加运算符＋＋使其操作数递增 1，自减运算符－－使其操作数递减 1。在 C 程序设计中经常使用运算符＋＋（－－）来递增（递减）变量的值。其用法格式如下：

```
int n = 0;
n++;
n--;
```

第 1 行：将 n 的值初始化为 0。

第 2 行：使用自加运算符＋＋将 n 的值加 1，该语句执行完毕后，n 的值由 0 变为 1。

第 3 行：第 2 行执行完后 n 的值为 1，本行再通过自减运算符－－使 n 的值减少 1，该语句执行完毕后，n 的值变回为初始值 0。

⚠ **注意：**

自加运算符（＋＋）和自减运算符（－－）只能用于变量，而不能用于常量或表达式，如 2＋＋或（a＋b）－－都是不合法的。因为 2 是常量，常量的值不能改变。（a＋b）－－也不可能实现，假如 a＋b 的值为 5，那么没有用来存放自减后结果 4 的变量。

自加/自减运算符可以在变量的前面也可以在变量的后面，在变量前面的称为前置，在变量后面的称为后置，本节后面将分别讲解前置自加/自减运算和后置自加/自减

运算。

1. 前置自加/自减运算

前置自加运算符的作用是先将变量的值增加 1,然后再取增加后的值;前置自减运算符的作用是先将变量的值减少 1,然后再取减少后的值。接下来通过一个案例来演示前置自加和自减运算符的作用,具体如例 2-5 所示。

例 2-5

```
1   # include < stdio.h >
2   int main()
3   {
4       int i = 0;
5       printf(" % d\n",++i);
6       printf(" % d\n",i);
7       printf(" % d\n", -- i);
8       printf(" % d\n",i);
9       return 0;
10  }
```

输出:

```
1
1
0
0
```

分析:

第 4 行:将 i 的值初始化为 0。

第 5 行:输出 ++i 的值。自加运算符 ++ 放在 i 的前面,因此它是个前置自加运算符,作用是先将 i 的值增加 1,再取 i 的值。i 的初始值为 0,加 1 后,变为 1,这样再输出 i 的值,输出结果为 1。

第 6 行:再次输出 i 的值。i 的值没有变,仍为 1。

第 7 行:输出 --i 的值。自减运算符 -- 放在 i 的前面,因此它是个前置自减运算符,作用是先将 i 的值减少 1,再取 i 的值。i 的值为 1,减 1 后,变为 0,这样再输出 i 的值,输出结果为 0。

第 8 行:再次输出 i 的值。i 的值没有变,仍为 0。

2. 后置自加/自减运算

后置自加运算符的作用是先取变量的值,然后再使其值增加 1;后置自减运算符的作用也是先取变量的值,然后再使其值减少 1。接下来通过一个案例来演示后置自加和自减运算符的作用。具体如例 2-6 所示。

　　例 2-6

```
1    # include < stdio. h>
2    int main()
3    {
4        int i = 0;
5        printf(" % d\n", i++);
6        printf(" % d\n", i);
7        printf(" % d\n", i-- );
8        printf(" % d\n", i);
9        return 0;
10   }
```

　　输出:

```
0
1
1
0
```

　　分析:

　　第 4 行: 将 i 的值初始化为 0。

　　第 5 行: 输出 i++ 的值。自加运算符 ++ 放在 i 的后面,因此它是后置自加运算符,作用是先取变量 i 的值,再将 i 的值加 1。所以输出 i 的值为 0,然后再将 i 加 1。

　　第 6 行: 输出 i 的值。i 在第 5 行输出后增加了 1,因此再次输出 i 的值为 1。

　　第 7 行: 输出 i-- 的值。与第 4 行输出 i++ 的值原理相同,输出 i 的值为 1,然后再将 i 减 1。

　　第 8 行: 输出 i 的值。i 的值减少了 1,因此再次输出 i 的值为 0。

2.6.6　关系运算符

　　关系运算符又称比较运算符,用于比较两个表达式的大小,比较运算的结果是一个逻辑值,即"真"或"假",C 语言中没有专门的逻辑值,而是用 1 代表真,0 代表假。C 语言中的关系运算符和使用范例,如表 2.4 所示。

表 2.4　关系运算符

运　算　符	运　算	范　例	结　果
<	小于	1 < 2	1
>	大于	1 > 2	0
<=	小于等于	1 <= 2	1
>=	大于等于	1 >= 2	0

运 算 符	运 算	范 例	结 果
==	等于	1 == 2	0
!=	不等于	1 != 2	1

在表 2.4 中,"=="、"!="运算符和其他关系运算符的结合性相同,都是从左到右的顺序结合,但优先级低于其他关系运算符。关系运算符的优先级低于算术运算符,高于赋值运算符。

接下来通过一个案例来演示关系运算符的优先级,具体如例 2-7 所示。

例 2-7

```
1   # include < stdio. h>
2   int main()
3   {
4       printf("3 == 3 < 2 的结果为 % d\n", 3 == 3 < 2);
5       printf("0 == 3 < 2 的结果为 % d\n", 0 == 3 < 2);
6       return 0;
7   }
```

输出:

```
3 == 3 < 2 的结果为 0
0 == 3 < 2 的结果为 1
```

分析:

在关系表达式 3 == 3 < 2 中,因为<运算符优先级较高,所以程序将先计算表达式 3 < 2 的值,其结果为 0,然后再计算 3 == 0 的值,其结果为 0,因此整个表达式的值为 0。同理,关系表达式 0 == 3 < 2 的值为 1。

2.6.7 逗号运算符

在程序中可能出现一个表达式中包含了多个表达式,这时就需要使用逗号来将多个表达式分隔开,每个表达式分别计算结果,最后整个表达式的值是最后一个表达式的值。接下来通过案例来演示逗号运算符的使用。具体如例 2-8 所示。

例 2-8

```
1   # include < stdio. h>
2   int main()
3   {
4       int a = 0 ;
5       int b = 0;
6       a = 3 + 4,2 + 3,8 + 9,1 + 2;
7       b = (3 + 4,2 + 3,8 + 9,1 + 2);
```

```
8      printf("a = % d\n",a);
9      printf("b = % d\n",b);
10
11 }
```

输出：

```
a = 7
b = 3
```

分析：

第 6 行：将表达式用逗号分隔开，由于赋值运算符的优先级比逗号运算符的优先级高，因此赋值给 a 的值为第一个表达式的 3＋4 的计算结果。

第 7 行：用括号改变逗号的优先级，因为括号的优先级比赋值运算符的优先级高。因此赋值给 b 的值是逗号运算的结果，即最后一个表达式 1＋2 的计算结果。

第 8 行：输出第 6 行表达式的结果。

第 9 行：输出第 7 行表达式的结果。

2.6.8　运算符的优先级

在对一些比较复杂的表达式进行运算时，要明确表达式中所有运算符参与运算的先后顺序，这种顺序被称作运算符的优先级，表 2.5 中列出了 C 语言中运算符的优先级，数字越小级别越高。

表 2.5　运算符的优先级

优　先　级	运　算　符	含　　义	运算对象个数	结合方向
1	( )	圆括号		自左向右
	[ ]	下标运算符		
	->	指向结构体 成员运算符		
	.	结构体成员运算符		
2	!	逻辑非运算符	1 （单目运算符）	自右向左
	~	按位取反运算符		
	++	自增运算符		
	--	自减运算符		
	-	负号运算符		
	（类型）	类型转换运算符		
	*	指针运算符		
	&	取地址运算符		
	sizeof	求字节数运算符		

续表

优　先　级	运　算　符	含　　义	运算对象个数	结 合 方 向
3	*	乘法运算符	2 （双目运算符）	自左向右
	/	除法运算符		
	%	求模运算符		
4	＋	加法运算符		
	－	减法运算符		
5	<<	左移运算符		
	>>	右移运算符		
6	< <= > >=	关系运算符		
7	==	等于运算符		
	!=	不等于运算符		
8	&	按位与运算符		
9	^	按位异或运算符		
10	|	按位或运算符		
11	&&	逻辑与运算符		
12	||	逻辑或运算符		
13	?:	条件运算符	3 （三目运算符）	自右向左
14	= += -= *= /= %= >>= <<= &= ^= |=	赋值运算符	2 （双目运算符）	
15	,	逗号运算符		自左向右

　　其实大家没有必要去刻意记忆运算符的优先级。在实际开发中，通常会使用“（）”来实现想要的运算顺序。

2.7　本　章　小　结

　　通过本章的学习，能够掌握 C 语言常用的几种运算符，重点要了解的是前置自加/自减运算符是先运算再取值，后置自加/自减运算符是先取值再运算。

2.8　习　　　题

1. 填空题

　　(1) 表达式 17％3 的结果是_____。

　　(2) 若“int a ＝ 10;”，则执行“a＋＝ a－＝a＊a;”后，a 的值是_____。

　　(3) 在 C 语言中，要求操作数都是整数的运算符是_____。

　　(4) 若“int sum＝7,num＝7;”，则执行语句“sum＝num＋＋;sum＋＋;＋＋num;”后，sum 的值为_____。

(5) 若"int a＝6;",则表达式 a％2＋(a＋1)％2 的值为＿＿＿＿＿。

2. 选择题

(1) 若变量 a 和 i 已正确定义,且 i 已正确赋值,则以下合法的语句是(　　)。

　　A. a＝＝1　　　　　　　　　　　B. ＋＋i;

　　C. a＋＋＝5;　　　　　　　　　　D. a＝int(i);

(2) 在 C 语言中,运算对象必须是整型的运算符是(　　)。

　　A. ％＝　　　　　　　　　　　　B. /

　　C. ＜＝　　　　　　　　　　　　D. ＝

(3) 若"int a＝7;float x＝2.5,y＝4.7;",则表达式 x＋a％3＊(int)(x＋y)％2/4 的值是(　　)。

　　A. 2.500000　　　　　　　　　　B. 2.750000

　　C. 3.500000　　　　　　　　　　D. 0.000000

(4) 以下选项中,与 k＝n＋＋完全等价的表达式是(　　)。

　　A. k＝n;n＝n＋1;　　　　　　　B. n＝n＋1;k＝n;

　　C. k＝＋＋n;　　　　　　　　　　D. k＋＝n＋1;

(5) 设 x 和 y 均为 int 型变量,则语句"x＋＝y;y＝x－y;x－＝y;"的功能是(　　)。

　　A. 把 x 和 y 按从大到小排列　　　B. 把 x 和 y 按从小到大排列

　　C. 无确定结果　　　　　　　　　　D. 交换 x 和 y 中的值

3. 思考题

(1) C 语言有哪两种注释方法?
(2) 前置自加运算符与后置自加运算符有什么区别?
(3) 除法运算符与求模运算符有什么区别?
(4) 赋值运算两侧类型不一致会出现什么情况?

4. 编程题

(1) 定义一个变量 a,且 a 的初始值为 5,依次输出前置自加和后置自减的值。

(2) 定义两个 int 型变量 n 和 m,且设定初始值为 4 和 8,依次输出 n＋＝m、n－＝m、n＊＝m、m/＝n、m％＝n 复合赋值运算的结果。

第3章

chapter **3**

函　　数

本章学习目标

- 熟练掌握函数的定义与声明
- 理解有参函数与无参函数
- 理解形式参数与实际参数
- 理解作用域
- 熟练掌握 printf 函数与 scanf 函数
- 熟练掌握 putchar 函数与 getchar 函数

如果程序的功能比较多,规模比较大,把所有的程序代码都写在一个主函数中,就会使主函数变量庞杂、头绪不清,使阅读和维护程序变得困难。C 语言提供了可采用"组装"的办法来简化程序设计的过程。例如,组装一台计算机,事先生产好各种部件(如电源、主板、硬盘驱动器、风扇等),在最后组装计算机时,用到什么就从仓库里取出什么,直接装上就可以了,这就是模块化程序设计的思路,每个模块可以是一个或多个函数。

3.1　函数的定义与声明

3.1.1　函数的定义

函数也称为方法,是指实现某种功能的代码块,例如,要实现输出一行文字的功能,可自定义一个函数来实现,示例代码如下:

```c
void remember()
{
    printf("拼搏到无能为力,坚持到感动自己!");
}
```

void 表示该函数没有返回值,remember 是为函数取的名字,remember 后面有一对小括号,小括号中代表函数的参数,假如没有参数,小括号内为空。函数的主体从左大括号开始,到右大括号结束,中间是函数的功能,该函数实现输出"拼搏到无能为力,坚持到感动自己!"。

!　注意：

有些老式的编译器不能识别 void，在这些编译器中需要将 void 改为 int，int 表示函数要返回一个整数，因此还要象征性地为函数增加一个返回语句：return 0。

remember 这个函数不是 C 函数库中的函数，而是自己写的，也叫自定义函数，它的名字是 remember，如要用到这个函数的时候就可以写：

```
remember();
```

这就是调用函数，程序执行到这里，就会立即跳转到 remember 函数的定义部分去执行（定义部分就是实现函数功能的部分），当函数执行完毕后，再跳回到原始位置继续往下执行。这个过程就好比在学习疲惫时，突然想起老师对自己说的话，心中又充满了力量，接下来通过一个案例来演示函数的定义及调用，具体如例 3-1 所示。

例 3-1

```
1   #include <stdio.h>
2   void remember()
3   {
4       printf("拼搏到无能为力,坚持到感动自己!\n");
5   }
6   int main()
7   {
8       printf("疲惫的时候,总有个声音在呼喊!\n");
9       remember();
10      printf("想起这段话,心中又充满了力量!\n");
11      return 0;
12  }
```

输出：

疲惫的时候,总有个声音在呼喊!
拼搏到无能为力,坚持到感动自己!
想起这段话,心中又充满了力量!

分析：

第 2～5 行：定义了一个 remember 函数，其作用是输出"拼搏到无能为力，坚持到感动自己！"。

第 7 行：main 函数开始。

第 8 行：执行 main 函数第 1 行语句，输出"疲惫的时候，总有个声音在呼喊！"。

第 9 行：调用 remember 函数。main 函数暂停执行，而转去执行 remember 函数，因此程序跳转到第 2 行去执行 remember 函数，执行的结果是输出了"拼搏到无能为力，坚持到感动自己！"。

第 10 行：remember 函数执行完毕后，继续执行 main 函数，输出"想起这段话，心中又充满了力量!"。

3.1.2 函数的声明

在 3.1.1 节中,自定义的函数是放在主调函数的前面,有读者可能会提出是否可以把自定义函数放到主调函数的后面,接下来通过一个案例来演示这种情形,具体如例 3-2 所示。

例 3-2

```
1   # include < stdio. h>
2   int main()
3   {
4       output();
5       return 0;
6   }
7   void output()
8   {
9       printf("做真实的自己!");
10  }
```

📑 **分析:**

该程序在编译时不通过,将 output 函数放在 main 函数的后面定义,结果导致 main 函数不知道有 output 这个函数,因此在 main 函数中调用 output 函数失败(第 4 行)。解决办法就是在 main 函数的前面声明 output 函数,修改例 3-2 代码,具体如例 3-3 所示。

例 3-3

```
1   # include < stdio. h>
2   void output();
3   int main()
4   {
5       output();
6       return 0;
7   }
8   void output()
9   {
10      printf("做真实的自己!");
11  }
```

🖥 **输出:**

做真实的自己!

📑 **分析:**

第 2 行:声明了一个 output 函数,这样编译器就知道会有一个 output 函数存在。需要注意的是,函数声明仅仅包括函数定义的头部,不包括后面的大括号与函数体。函数声明需要用一个英文分号作为结尾。

第 5 行：调用 output 函数，因为前面已经声明了 output 函数，所以成功调用。

第 8～11 行：output 函数的定义。

3.2 有 参 函 数

假如要实现一个执行相加运算的函数，那么就需要给函数添加两个参数，示例代码如下：

```
int add( int x, int y)
{
    return x + y;
}
```

小括号里面不再为空，而是多了两个参数——x 和 y，参数之间用逗号隔开，这里参数的类型为 int，表示 x 和 y 是用来保存整数的。

因此，可以在调用 add 函数时传递两个整数：

```
add(23,11);
```

当调用 add 函数时，23 会传递给 x，由 x 来保存，11 会传递给 y，由 y 来保存。这里需要注意的是，add 函数在调用之前，x 和 y 是不存在的，只有在调用 add 函数，并为 x 和 y 传递了 23 和 11 时，系统才会为 x 和 y 分配内存，而一旦调用结束，系统又会立即释放 x 和 y 所占的内存，所以 x 和 y 不是实际存在的参数，而是形式上存在的参数，又叫形式参数。接下来通过一个案例来演示函数的相加运算，具体如例 3-4 所示。

例 3-4

```
1    # include < stdio. h >
2    int add( int x, int y)
3    {
4        return x + y;
5    }
6    int main()
7    {
8        int sum;
9        sum = add(23,11);
10       printf( " % d\n", sum);
11       return 0;
12   }
```

■ 输出：

分析:

第 2~5 行:定义了一个 add 函数,该函数有两个类型为 int 的形式参数 x 和 y,即 add 函数可以接收两个整数,函数的功能是对接收的两个整数做加法运算,并返回运算结果(第 4 行)。

第 9 行:调用 add 函数,并传递给 add 函数两个整数——23 和 11,这样会暂时终止 main 函数的执行,而转去执行 add 函数,因此程序跳到第 2 行,将 23 和 11 传递给形式参数 x 和 y,这样 x 保存了 23,y 保存了 11,第 4 行执行 x+y,得出结果 34,关键字 return 返回这个结果并终止 add 函数的执行。add 函数执行完毕后,会继续执行 main 函数,因此程序又跳回到第 9 行,开始执行赋值运算符,将 add 函数的返回值 34 赋给左侧的变量 sum。

第 10 行:输出 sum 的值,即 23+11 的结果 34。

3.3 形式参数与实际参数

形式参数是指在定义函数时函数名后小括号内的变量,简称形参。形参的本质是变量,变量的值是可以改变的,示例代码如下:

```
int i;
```

该行定义了一个变量 i,如果把 3 通过赋值号赋值给变量 i,那么 i 值就是 3,因此变量的值不是固定不变的。但对于数字 3 来说,它是恒定不变的,无法改变数字 3 的值。

由于变量的这一特性,它常常用来表示不确定值的量,因此变量也可用作函数的参数(函数在调用之前,参数的值都是不确定的),示例代码如下:

```
int mul(int x, int y)
{
    return x * y;
}
```

这里定义了一个函数 mul,它有两个参数 x 和 y,这两个参数都是变量,函数在调用之前,参数的值都是不确定的,因此系统是不会为这两个参数分配内存的,只有调用了函数,并将确切的数值传递给这两个参数的时候,系统才会为这两个参数分配内存,示例代码如下:

```
mul(1, 10);
```

这里调用了 mul 函数,并为两个形参传递了确切的数值 1 和 10,这样系统才会为形参分配内存,用分配好的内存来保存数值 1 和 10。而当函数调用结束后,系统又会释放形参所占用的内存,因此这样的参数实际上是不存在的,它只是在形式上存在的,称为形式参数,简称形参。

实际参数就是在调用 mul 函数时传递的 1 和 10,它们是实际存在的,确切的数值,简称实参。实参可以是常量、变量或表达式,因此可以这样来调用 mul 函数,示例代码如下:

```
int a = 3;
mul(a, 10);
```

第 2 行调用 mul 函数,为其传递了两个实参;第 1 个实参是变量 a,第二个参数是 10,假如不给 i 初始化一个值,那么 Visual C++ 6.0 就会发出警告:

```
warning C4700: local variable 'a' used without having been initialized
```

该警告提示使用了未初始化的局部变量 a,接下来通过一个案例来演示形参和实参的使用,具体如例 3-5 所示。

例 3-5

```
1    # include < stdio. h>
2    int mul(int x, int y)
3    {
4        return x * y;
5    }
6    int main()
7    {
8        int a = 3;
9        printf(" % d\n",mul(a, 10));
10       return 0;
11   }
```

■ 输出:

```
30
```

⊟ 分析:

第 2 行:定义了一个 mul 函数,它有两个参数 x 和 y,由于这两个参数没有确定的值,并且只在函数调用时才占用内存空间,函数调用前或调用后都不占用内存,因此它们都是形式参数。

第 9 行:为 mul 函数传递两个参数——a 和 10,这两个参数有确切的值(3 和 10),因此是实际参数。

形参与实参的类型必须一致,否则就会出问题,接下来通过一个案例来演示形参和实参类型不同时的情况,具体如例 3-6 所示。

例 3-6

```
1    # include < stdio. h>
2    int add( int x, int y)
3    {
4        return x + y;
5    }
6    int main()
7    {
8        double d1 = 1.1;
9        double d2 = 2.2;
10       double sum = add(d1,d2);
11       printf(" % f\n", sum);
12       return 0;
13   }
```

输出:

```
3.000000
```

该程序在 Visual C++ 6.0 下执行会出现 4 条警告。

```
warning C4244:'function':conversion from 'double' to 'int',possible loss of data
warning C4244:'function':conversion from 'double' to 'int',possible loss of data
warning C4761:integral size mismatch in argument;conversion supplied
warning C4761:integral size mismatch in argument;conversion supplied
```

分析:

C4244 号报警: '函数': 将 double 转换为 int 可能会丢失数据。因为 double 类型的值是带有小数点的值,转换成 int 类型的值时会自动舍去小数点后面的位数,所以可能丢失一部分数据(丢失小数点后面的数据)。

C4761 号报警是因为参数的整型大小不匹配,这 4 条警告都是第 10 行引起的,该行在调用 add 函数时,传递的实参与形参的类型不匹配。

第 2 行: add 函数的定义,该函数有两个形式参数——x 和 y,参数类型为 int。

第 8~9 行: 定义两个 double 型变量 d1 和 d2,将 d1 初始化为 1.1,将 d2 初始化为 2.2。

第 10 行: 调用 add 函数,将实际参数 d1 和 d2 的值传递给该函数的形式参数 x 和 y,由于形式参数和实际参数的类型不匹配,进行了默认转换,将 double 型数值 1.1 和 2.2 小数点后面的位数抛弃,变成 1 和 2,然后传递给 int 型变量 x 和 y,结果执行的是 1 和 2 的相加操作,所以输出 3.000000。

小结:

实参一定要与形参的类型一致。

3.4 函数的返回值

函数执行后一定要有作用，不是完成输入、输出等工作，就是进行一些计算，计算必然会产生一个结果，而结果可以通过返回值来得到，返回值可以是整数，也可以是字符，示例代码如下：

```
int sub(int x, int y)
{
    return x - y;
}
```

该函数用来计算两个整数的差，因为是求差，所以必须将计算的结果返回。sub 前面的 int 代表返回值的类型，也就是说，返回值必须是个整数，如果不是整数，编译器就会发出警告。返回值是 x－y 的差值，关键字 return 将这个差值返回到主调函数中调用 add 函数的位置处，示例代码如下：

```
int val = sub(10, 1);
```

赋值运算符的右侧调用了 sub 函数，sub 函数执行完毕后，将 10 与 1 相减的结果 9 通过 return 关键字返回到赋值运算符的右侧。这样，sub 函数执行完毕后，赋值运算符的右侧会变成 9，上条语句等价于下条语句：

```
int val = 9;
```

接下来通过一个案例来演示函数返回值的用法，具体如例 3-7 所示。

例 3-7

```
1   # include < stdio. h >
2   int sub(int x, int y)
3   {
4       return x - y;
5   }
6   int main()
7   {
8       int val;
9       val = sub(10, 1);
10      printf("val = % d\n", val);
11      return 0;
12  }
```

■ 输出：

```
val = 9
```

分析：

第2～5行：定义了一个 sub 函数，该函数有两个类型为 int 型的参数 x 和 y，即 sub 函数可以接收两个整数，函数的功能是实现两个整数求差并把计算结果返回。

第9行：调用 sub 函数，并传递给 sub 函数两个整数 10 和 1，此时程序会暂时终止 main 函数的执行，而跳到第2行，将 10 和 1 传递给参数 x 和 y，这样 x 的值就为 10，y 的值就为 1，第4行执行 x－y，得出计算结果 9，关键字 return 将计算结果返回。sub 函数执行完毕后，会接着执行 main 函数，因此程序又跳回到第9行，开始执行赋值运算符，将 sub 函数的返回值 9 赋给左侧的变量 val，具体如图 3.1 所示。

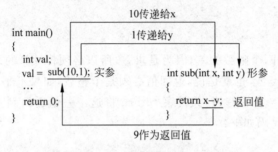

图 3.1 函数调用过程

函数可以返回一个值，当然也可以不返回任何值。如果不想让函数返回任何值，可以将函数的返回值类型定义为 void，示例代码如下：

```
void output()
{
    printf("做真实的自己,用良心做教育!");
}
```

该函数的作用仅仅是输出一条指定文字，因此没有必要给它提供返回值，此时函数返回值类型为 void。

⚠ 注意：

函数返回值的类型取决于定义函数时指定的函数类型，而不是 return 语句中表达式值的类型。

3.5 printf 函数与 scanf 函数

3.5.1 printf 函数

前面章节中使用到了 printf 函数，它是标准的输出函数，输入与输出功能不是 C 语言的组成部分，而是 C 语言函数库中的标准输入输出函数实现的，因此在使用 printf 函数时要加上 ＃include＜stdio.h＞，考虑到读者的现有水平，这里只介绍它的使用方法，接下来通过一个案例来演示 printf 函数的使用，具体如例 3-8 所示。

例 3-8

```
1   # include < stdio. h >
2   int main()
3   {
4       printf("不知不觉喜欢上了 C 语言\n");
5       printf("% d +  % d =  % d\n", 1, 10, 1 + 10);
6       return 0;
7   }
```

■ 输出:

```
不知不觉喜欢上了 C 语言
1 + 10 = 11
```

分析:

　　第 4 行: 调用 printf 函数, 将"不知不觉喜欢上了 C 语言"这几个字符输出到控制台上, 字符的结尾跟了一个格式符"\n", 作用是换行, 由于它执行的是换行的功能, 因此又称为换行符。

　　第 5 行: 调用 printf 函数, 输出一则加法运算式, 注意％d 是占位符, 其中％告诉程序将一个变量或数据在这里输出, d 告诉程序输出的是一个十进制整型变量或一个整数, 它对应双引号后面的形式参数, 如第 1 个％d 对应着 1, 第 2 个％d 对应着 10, 第 3 个％d 对应着 1＋10, 程序运行首先计算出赋值运算符右侧表达式 1＋10 的值, 再按照以上设定的格式进行输出。

3.5.2　scanf 函数

　　与输出函数 printf 对应的是输入函数 scanf, 与 printf 函数一样, scanf 函数也被声明在头文件 stdio. h 里, 因此在使用 scanf 函数时要加上＃include < stdio. h >。考虑到读者的现有水平, 这里也只介绍它的使用方法, 接下来通过一个案例来演示 scanf 函数的使用, 具体如例 3-9 所示。

　　例 3-9

```
1   # include < stdio. h >
2   int main()
3   {
4       int i;
5       scanf("i =  % d", &i);
6       printf("i =  % d", i);
7       return 0;
8   }
```

⌨ **输入：**

```
i = 10
```

🖥 **输出：**

```
i = 10
```

📑 **分析：**

第 4 行：定义了一个整型变量 i，用它来保存一个整数。

第 5 行：调用 scanf 函数将用户输入的数值保存到变量 i 中，%d 表示这里将用一个整型变量来保存用户输入的整数，它对应着逗号分隔符后面的变量 i，注意 i 前面多了一个符号，这是个"取地址运算符"，&i 用来获取 i 在内存中的地址，获得了 i 的地址后，才能把用户输入的数据直接储存到变量 i 中。此处需要注意输入数据的格式与双引号里面的格式必须一一对应，才能得到正确的输入。

第 6 行：调用 printf 函数将变量 i 的值输出到屏幕上。

读者可能会疑惑：printf 函数不用获取变量的地址就可打印，但 scanf 函数一定要获取变量的地址才可存储。两者的区别就好比小千要借阅小锋的图书，小锋就复印一份给小千（小千不用获得小锋图书的地址），但是假如小千想要修改小锋的图书，那么再用这种方法，修改的将是复印的图书，而不是小锋的图书，因此必须先找到小锋的图书（获得小锋图书的地址），才能对小锋的图书进行修改。

同理，printf 函数仅仅是读取变量的值，不用改变它的值，因此系统只需要将变量复制一份，然后将复制好的变量传递给 printf 函数即可，但是 scanf 函数要修改变量的值，那么再用这种方法，修改的将是复制的变量的值，而不是原始变量的值，因此必须获得原始变量的地址，才能对它进行修改。

3.6 putchar 函数与 getchar 函数

3.6.1 putchar 函数

字符输出函数 putchar 在头文件 stdio.h 中声明，它的作用是向标准输出设备（显示器、打印机、扬声器、指示灯、磁盘或光盘等）中输出一个字符，接下来通过一个案例来演示字符输出函数的使用，具体如例 3-10 所示。

例 3-10

```
1    #include <stdio.h>
2    int main()
3    {
4        char a, b, c;
```

```
5      a = 'Q';
6      b = '\n';
7      c = 'F';
8      putchar(a);
9      putchar(b);
10     putchar(b);
11     putchar(c);
12     return 0;
13  }
```

输出：

```
Q

F
```

分析：

第 4 行：定义 3 个用来保存字符的变量 a、b 和 c。

第 5 行：用变量 a 保存字符 Q。

第 6 行：用变量 b 保存换行符。

第 7 行：用变量 c 保存字符 F。

第 8 行：调用 putchar 函数将变量 a 的值输出到控制台，结果输出了字符 Q。

第 9～10 行：调用 putchar 函数将变量 b 的值输出到控制台，结果进行了换行。

第 11 行：调用 putchar 函数将变量 c 的值输出到控制台，结果输出了字符 F。

3.6.2 getchar 函数

字符输入函数 getchar 在头文件 stdio.h 中声明，它的作用是从标准输入设备中获取一个字符，getchar 函数没有参数，使用时可以直接调用。此外，当用户输入字符并按 Enter 键时，输入的字符才送到输入缓冲区（内存中用来暂存输入内容的一块特殊区域），因此 getchar 函数是用来获取输入缓冲区中的一个字符。接下来通过一个案例来演示字符输入函数的使用，具体如例 3-11 所示。

例 3-11

```
1   #include<stdio.h>
2   int main()
3   {
4       char c;
5       c = getchar();
6       putchar(c);
7       c = getchar();
8       putchar(c);
9       return 0;
10  }
```

▦ 输入：

A(回车)

▣ 输出：

A

▤ 分析：

第 5 行：调用 getchar 函数，获得用户从键盘上输入的字符 A，并将该字符返回，变量 c 保存了返回的字符 A。

第 6 行：调用 putchar 函数将变量 c 保存的字符 A 输出到控制台。

第 7 行：在输入时，字符 A 和 Enter 都存储在输入缓冲区，再次调用 getchar 函数，则从输入缓冲区中提取的是换行符 '\n '。

第 8 行：调用 putchar 函数输出变量 c 的值，结果光标移动到下一行的开头。

3.7 变量的作用域

通过前面的学习，发现变量既可以定义在函数内，也可以定义在函数外。定义在不同位置的变量，其作用域也是不同的。C 语言中的变量，按作用域范围可分为局部变量和全局变量。

3.7.1 局部变量

局部变量就是在函数内部声明的变量，它只在函数内有效，也就是说，只能在本函数内使用它。此外，局部变量只有当它所在的函数被调用时才会被使用，而当函数调用结束时局部变量就会失去作用。接下来通过一个案例来演示局部变量的使用，具体如例 3-12 所示。

例 3-12

```
1   # include < stdio. h>
2   void say()
3   {
4       char c = 'a';
5   }
6   int main()
7   {
8       printf("c的值为：% d\n", c);
9       return 0;
10  }
```

输出：

```
编译报错：
错误：error C2065:'c':undeclared identifier
```

分析：

第 4 行：在 say 函数内部定义一个变量 c，这个变量是局部变量，它只在 say 函数中有效。

第 8 行：main 函数试图输出 c 的值，由于 c 只在 say 函数中有效，在 main 函数中无效，因此编译器报错。

另外，关于局部变量还有以下 4 点说明：

- 在 main 函数中定义的变量也是局部变量，只能在 main 函数中使用，main 函数也是一个函数，与其他函数地位平等。
- 形参变量、在函数体内定义的变量都是局部变量。实参给形参传值的过程也就是给局部变量赋值的过程。
- 可以在不同的函数中使用相同的变量名，它们表示不同的数据，分配不同的内存，互不干扰，也不会发生混淆。
- 在语句块中也可定义变量，它的作用域只限于当前语句块。

3.7.2 全局变量

与局部变量相对应的是全局变量。它是指在所有函数外部定义的变量。它的有效范围为从定义开始到程序结束。接下来通过一个案例来演示全局变量的使用，具体如例 3-13 所示。

例 3-13

```
1   #include<stdio.h>
2   int x = 1;
3   void output()
4   {
5       x = 3;
6       printf("output 函数中 x = %d\n", x);
7   }
8   int main()
9   {
10      printf("main 函数中 x = %d\n", x);
11      x = 2;
12      printf("main 函数中 x = %d\n", x);
13      output();
14      printf("main 函数中 x = %d\n", x);
15      return 0;
16  }
```

■ 输出：

```
main 函数中 x = 1
main 函数中 x = 2
output 函数中 x = 3
main 函数中 x = 3
```

■ 分析：

第 2 行：定义了一个全局变量 x。

第 10 行：在 main 函数中打印全局变量的值为 1。

第 11 行：在 main 函数中修改全局变量的值为 2。

第 13 行：在 main 函数中调用 output 函数，在 output 函数中修改全局变量的值为 3。

第 14 行：output 函数调用结束后，打印全局变量的值为 3。

■ 小结：

全局变量可以被所有的函数所共享，因此它可以作为各个函数之间相互沟通的渠道。它的缺点也正在于此。因为共享，数据容易被修改，变量名容易重复，要始终占据内存。

因此，在使用全局变量时应注意以下 3 点：

- 尽可能使名字易于理解，而且不能太短，避免重名发生。
- 避免使用一些占用内存空间比较大的全局变量，以节省开销。
- 为避免全局变量被误修改，应尽量在所有修改全局变量的函数前添加注释，用来说明该函数都修改了哪些全局变量，修改的目的是什么，修改值又是多少。

3.7.3　局部变量与全局变量

接下来通过一个案例来演示局部变量屏蔽全局变量的情形，具体如例 3-14 所示。

例 3-14

```
1    # include < stdio. h >
2    int x = 1;
3    void output()
4    {
5        int x = 3;
6        printf("output 函数中局部变量 x = %d\n", x);
7    }
8    int main()
9    {
10       printf("全局变量 x = %d\n", x);
11       {
12           int x = 2;
```

```
13          printf("块中局部变量 x = %d\n", x);
14      }
15      output();
16      x = 4;
17      printf("main 函数中修改全局变量的值 x = %d\n", x);
18      return 0;
19  }
```

输出：

```
全局变量 x = 1
块中局部变量 x = 2
output 函数中局部变量 x = 3
main 函数中修改全局变量的值 x = 4
```

分析：

第 2 行：在函数外定义了一个全局变量 x，并将它的值初始化为 1。它的作用域从第 2 行开始到第 19 行结束。

第 5 行：在 output 函数中定义了一个局部变量 x，并将它的值初始化为 3。它的作用域从第 5 行开始到第 7 行结束。

第 10 行：在 mian 函数中输出全局变量 x 的值 1。

第 12 行：在块中定义一个局部变量 x，并将它的值初始化为 2。它的作用域从第 12 行开始到第 14 行结束。

第 13 行：在块中输出局部变量 x 的值 2，说明在块中局部变量 x 屏蔽了全局变量 x。

第 15 行：在 main 函数中调用 output 函数，输出 x 的值为 3，这是 output 函数中局部变量 x 的值，说明在 output 函数中局部变量 x 屏蔽了全局变量 x。

第 16 行：在 main 函数中修改全局变量 x 的值为 4。

3.8 本 章 小 结

通过本章的学习，能够掌握 C 语言初级函数的使用，重点要了解的是在实际开发中，要完成一个复杂的程序，可将一个复杂的程序简化成若干个函数来实现。

3.9 习　题

1. 填空题

（1）用来结束函数并返回函数值的是_____关键字。

（2）按用户指定的格式从标准输入设备上把数据输入到指定变量中的函数是_____。

（3）函数调用语句 function((exp1,exp2),18);中含有的实参个数为_____。

（4）从标准输入设备中获取一个字符的函数是_____。

（5）按作用域范围不同可将变量分为局部变量和_____变量。

2. 选择题

（1）C 语言中函数返回值的类型是由（　　）决定。

    A. return 语句中的表达式类型

    B. 调用函数的主调函数类型

    C. 调用函数时临时

    D. 定义函数时所指定函数返回值类型

（2）在该函数体内说明语句后的复合语句中定义了一个变量,则该变量（　　）。

    A. 为全局变量,在本文件内有效

    B. 为局部变量,只在该函数内有效

    C. 定义无效,为非法变量

    D. 为局部变量,只在该复合语句内有效

（3）定义一个 void 型函数意味着调用该函数时,函数（　　）。

    A. 通过 return 返回一个指定值   B. 返回一个系统默认值

    C. 没有返回值   D. 返回一个不确定的值

（4）以下对函数声明错误的是（　　）。

    A. float add(float a,b);   B. float add(float b,float a);

    C. float add(float,float);   D. float add(float a,float b);

（5）以下关于函数的叙述中不正确的是（　　）。

    A. C 程序是函数的集合

    B. 被调函数必须在 main 函数中定义

    C. 函数的定义不能嵌套

    D. 函数的调用可以嵌套

3. 思考题

（1）请简述全局变量和局部变量有什么区别。

（2）请简述全局变量有哪些缺点。

（3）请简述函数形式参数与实际参数有什么区别。

（4）请简述 putchar、getchar 它们各自的作用是什么。

4. 编程题

（1）编写一个函数实现输出"Welcome to QianFeng!",要求此函数放在主函数之后。

（2）编写一个求和函数,主函数从键盘接受两个整数并输出求和结果。

第4章

基本数据类型

本章学习目标
- 熟练掌握 C 语言的基本数据类型
- 熟练掌握变量的使用
- 理解常量

通过第 1 章的学习,大家了解到 C 语言的前身是 B 语言,B 语言是一种无类型的语言,C 语言在它的基础上引入了数据类型这一概念,引入数据类型的主要原因有两个:第一个原因是为了选择合适的容器来存放数据,如果混乱存放,会造成内存空间浪费;第二个原因是为了让计算机正确地识别并处理数据。C 语言中的数据类型有很多种,具体如图 4.1 所示。

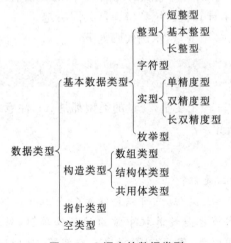

图 4.1　C 语言的数据类型

从图 4.1 中可看出,C 语言的数据共有基本数据类型、构造类型、指针类型、空类型四大类,其中基本数据类型又分整型、字符型、实型、枚举型。本章将针对基本数据类型的相关知识做详细的讲解。

4.1　变　量

众所周知,计算机可以处理数据。不管怎样,必须有办法存储这些数据。与大多数编程语言一样,C 语言把数据类型存储在变量中。而变量仅仅是计算机内存中的盒子,

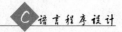

用来保存数字或字符。

变量就是在程序运行期间其值是可以进行变化的量,每一个变量都是一种类型,每一种类型都定义了变量的格式和行为。那么一个变量应该有属于自己的名称,并且在内存中占有存储空间,其中变量的大小取决于类型。C语言中的变量有整型变量、实型变量、字符型变量等。

4.1.1　变量的定义

变量其实就是用来放置数值等内容的"盒子",想要使用这个可以存放数值等内容的魔法盒,就必须遵循一定的流程,首先需要提前进行如下定义。

示例代码如下:

```
int i;
```

其实可以说:这既是声明,又是定义。因为对于基本类型的变量,它的声明和定义是同时进行的。

这里通过定义就准备出了一个名为i的盒子,定义语句中的int就用来说明i可以存储整数,也就是说,i可以保存的数没有小数部分,编译器将根据int这个类型为i分配4个字节的内存空间,4个字节是一种笼统的说法,C标准并没有规定int类型就一定要占用4个字节,这个字节数由计算机系统和编译器共同决定。

同时也可以一次定义多个变量,示例代码如下:

```
int a,b,c;
```

这里一次定义了a、b、c三个变量,变量的类型都是int,注意定义多个变量的方法,每两个变量名之间用逗号隔开。

? 释疑:

问:什么是字节?什么是位?

计算机中最小的存储单元是位,它可以存储两个值0和1,这两个值用来表示该位的状态是"关"还是"开"。字节也是计算机中常用的存储单位,对于几乎所有的计算机来说,1个字节等于8位二进制数,因此32位就是4个字节,而64位则是8个字节。

4.1.2　标识符

现实世界中每个事物都有自己的名字,从而与其他事物区分开。例如,现实生活中每种交通工具都有一个名称来标识,如图4.2所示。

在程序设计语言中,同样也需要对程序中的各个元素命名加以区分,这种用来标识常量、变量、自定义类型、函数和标号等元素的记号称为标识符。

C语言规定标识符只能由字母、数字和下画线这3种字符组成,且第一个字符必须为字母或下画线。读者可以为变量取类似于_1000、phone这样的名字,但是%1000、#phone这

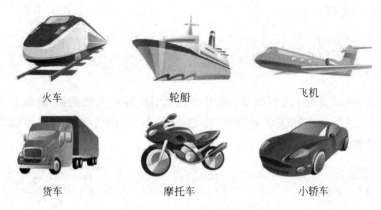

火车　　　　　　　　　轮船　　　　　　　　　飞机

货车　　　　　　　　摩托车　　　　　　　小轿车

图 4.2　现实生活中的标识符

样的名字就不可以了。另外 C 语言是区分大小写的,如 i 和 I 是两个不同的变量。

对于变量的命名并不是任意的,应遵循以下 4 条规则:

(1) 变量名必须是一个有效的标识符。

(2) 变量名不可以使用 C 语言关键字。

(3) 变量名不能重复。

(4) 应选择较有意义的单词作为变量名。

4.1.3　关键字

关键字是编程语言里事先规定好特殊含义的词。C89 标准规定了如下 32 个关键字。为避免冲突,在 C 语言中关键字不允许作为标识符出现在程序中,如表 4.1 所示。

表 4.1　C89 标准中的关键字

auto	double	int	struct
break	else	long	switch
case	enum	register	typedef
char	extern	return	union
const	float	short	unsigned
continue	for	signed	void
default	goto	sizeof	volatile
do	if	static	while

这些关键字无须记忆,只要了解即可。随着 C 语言学习的逐步深入,大家会慢慢知道每个关键字的独特作用。

C99 标准新增了 5 个关键字:_Bool、_Imaginary、_Complex、restrict 和 inline。请同样在变量命名时避免使用这五个关键字。

4.1.4　变量的赋值与初始化

经过前面的学习,大家已经学会如何定义一个变量了,那么如何让它保存数值呢?

可以这样做,示例代码如下:

```
int i;
i = 10;
```

第2行代码是对变量 i 进行赋值,作用是将赋值运算符右侧的值 10 赋给左侧的变量 i,在程序中,对 i 进行操作即表示对数据 10 进行运算,上面两条语句也可以合并为一条语句,示例代码如下:

```
int i = 10;
```

语句在定义 i 的同时对 i 进行初始化,对 i 进行初始化的意思是为 i 赋初值。

❗ 注意:

初始化和赋值的区别:赋值操作是在定义变量之后进行的,而初始化是与定义同步进行的。

4.1.5　初始化的用途

很多时候需要给变量一个初始值,如变量 money 代表员工的工资,而工资不可能为 0,因此,可以把工资一开始设为 0。这样,如果财务忘记了输入工资,就可以通过工资是否为 0 来检查这一错误。给变量赋初值还有一个作用,即可以将初值作为默认值,如大部分员工的工资都是 4000 元,这时就可以将工资初始化为 4000,这样可以避免重复输入 4000。那么在什么时候不需要进行初始化呢?

有些变量不需要初始化,如变量的值是用户随机输入或用于中间转换的变量不需要初始值等都可以不用对变量进行初始化。示例代码如下:

```
int i;
scanf("%d",&i);
```

第 1 行定义了一个整型变量 i,第 2 行调用 scanf 函数将用户输入的数值保存到变量 i 中,由于用户输入的值是无法确定的,所以第 1 行不用对 i 进行初始化。

4.2　整型变量

整型变量即用来保存整数的变量,所谓整数,就是没有小数部分的数,如 6、70、800 等都是整数,而 3.14、2.34 这样的带有小数部分的数都不是整数。因此如果用整型变量来保存 3.14 这样的小数,会抛弃小数部分的 0.14,只保留整数部分的 3,最后整型变量保存的值为 3。

整型变量可以分为 6 种类型,其中基本类型的符号使用 int 关键字,在此基础上可以根据需要加上一些符号进行修饰,如关键字 long 或 short,如表 4.2 所示。

表 4.2　整型变量的定义

数 据 类 型	一般定义形式	简写定义形式
有符号整型	int i;	int i;
有符号长整型	long int i;	long i;
有符号短整型	short int i;	short i;
无符号整型	unsigned int i;	unsigned i;
无符号长整型	unsigned long int i;	unsigned long i;
无符号短整型	unsigned short int i;	unsigned short i;

！ 注意：

这里面最基本的类型是 int，除了 int 类型外，其他整数类型的变量在定义时，均可省略其中的关键字 int。

4.2.1　整型变量的取值范围

取值范围即包含在特定要求范围内的所有数值的集合，通俗地说，就是可表示的数值范围，变量类型不同，可表示的数值范围也不同。

接下来了解一下各个整型变量的取值范围，如表 4.3 所示。

表 4.3　整型变量的取值范围

数 据 类 型	大　　小	值
short int	2 字节	−32 768～32 767
unsigned short int	2 字节	0～65 535
long int	4 字节	−2 147 483 648～2 147 483 647
unsigned long int	4 字节	0～4 294 967 295
int	4 字节	−2 147 483 648～2 147 483 647
unsigned int	4 字节	0～4 294 967 295

从表 4.3 可以看出，无符号整型和有符号整型的区别就是无符号整型可以存放的正数范围比有符号整型中的范围大一倍，因为有符号类型将最高位存储符号，而无符号类型全都存储数字。在 16 位系统中，一个 int 型变量能存储数据的范围为 −32 768～32 767，而 unsigned 型变量能存储的数据范围则是 0～65 535。如一些不可能取值为负数的时候，可以定义为 unsigned 型，在一些底层的嵌入式编程的数据一般都是无符号的。

？ 释疑：

问：整型变量有无符号型、有符号型、长整型和短整型，那么该如何选择这些整数类型呢？

答：一般来说，为了不浪费空间，假如数值很小，那么尽量选择使用短整型，除此之外就使用 int 型或 long 型，如果不希望保存负值，那么用无符号型，否则就用有符号型。

4.2.2　超出最大取值范围

一个 short int 型变量的最大值为 32 767，将该值再加 1，会发生什么情况呢？接下来

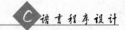

通过一个案例来演示这种情况,具体如例 4-1 所示。

例 4-1

```
1   # include < stdio. h>
2   int main()
3   {
4       short int i;
5       i = 32767;
6       printf("i + 1:% hd\n",i + 1);
7       return 0;
8   }
```

输出:

```
i + 1: - 32768
```

分析:

第 4 行:定义一个 short int 型变量 i。short int 型的取值范围为 -32 768～32 767。

第 5 行:将最大值 32 767 赋给 i。

第 6 行:将 i+1 的值输出,这超出了 i 的取值范围,输出结果为 -32 768,由最大正值变为了最小负值。

可以发现,整型变量溢出后并不会报错,而是像钟表那样,到达最大值后,又从最小值开始计数,因此一定要注意变量的最大取值范围。

4.2.3 整型变量的输出格式

通过前面的知识大家已经知道整型变量分为多种类型,接下来通过一个表格来演示不同整型变量的定义示例与输出格式,如表 4.4 所示。

表 4.4 输出不同整型变量

数 据 类 型	定 义 示 例	输 出 格 式
有符号整型	int a;	%d
无符号整型	unsigned int a;	%u
有符号短整型	short b;	%hd
无符号短整型	unsigned short b;	%hu
有符号长整型	long c;	%ld
无符号长整型	unsigned long c;	%lu
有符号双长整型	long long d;	%lld
无符号双长整型	unsigned long long d;	%llu

表 4.4 中演示了如何定义和输出不同整型变量的值,其中把 d 替换成 u,就是按照无符号进行输出。

4.2.4　进制转换

进制就是进位制,是人们规定的一种进位方法。对于任何一种进制——X 进制,就表示某一位置上的数运算时是逢 X 进一位。二进制就是逢二进一,八进制是逢八进一,十进制是逢十进一,十六进制是逢十六进一。同一数值可以在不同进制之间转换,具体转换方式如下:

1. 二进制与十进制的转换

1)二进制转十进制

按权相加法,即将二进制每位上的数乘以权(N 进制,整数部分第 i 位的权为 N^{i-1},小数部分第 i 位权为 N^{-i}),然后相加的和即是十进制。

如将二进制数 101.101 转换为十进制,具体示例如下:

$$1*2^2 + 0*2^1 + 1*2^0 + 1*2^{-1} + 0*2^{-2} + 1*2^{-3} = 5.625$$

上述表达式可以简写,具体示例如下:

$$1*2^2 + 1*2^0 + 1*2^{-1} + 1*2^{-3} = 5.625$$

2)十进制转二进制

十进制转换为二进制时,由于整数和小数的转换方法不同,所以先将十进制数的整数部分和小数部分分别转换后,再加以合并。

(1)整数部分。

除 2 取余法,即每次将整数部分除以 2,余数为权位上的数,商继续除以 2,直到商为 0 为止,余数逆序读取即是二进制值。

如将十进制数 10 转换为二进制,转换方法,如图 4.3 所示。

在图 4.3 所示中余数逆序读取的值为 1010,即是十进制 10 的二进制值。

(2)小数部分。

乘 2 取整法,即将小数部分乘以 2,取整数部分,剩余小数部分继续乘以 2,直到小数部分为 0 为止,整数部分顺序读取即是二进制值。

如将十进制数 0.125 转换为二进制,转换方式,如图 4.4 所示。

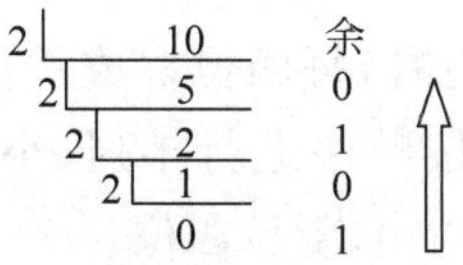

图 4.3　十进制整数转换为二进制数 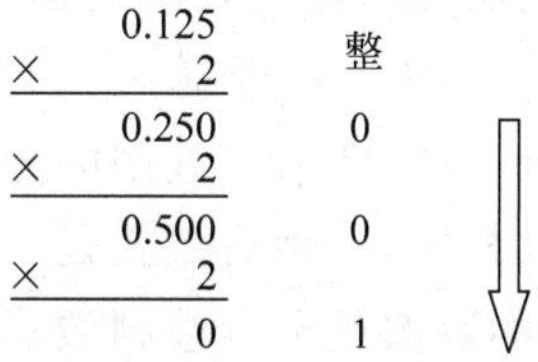　　**图 4.4　十进制小数转换为二进制数**

在图 4.4 中整数顺序读取值为 0.001,即是十进制 0.125 的二进制值。

2. 二进制与八进制的转换

数学关系 $2^3=8$、$2^4=16$,而八进制和十六进制由此关系衍生而来的,即用三位二进制表示一个八进制,用四位二进制表示一个十六进制。

1) 二进制转八进制

取三合一法,即从二进制的分界点(小数点),向左(向右)每三位取成一位,将这三位二进制按权相加,得到的数就是一位八进制数,然后按顺序进行排列,小数点的位置不变,得到的数即是八进制数。如果无法凑足三位,则补 0,凑足三位。

如将二进制数 1101.1 转换为八进制,转换方式,如图 4.5 所示。

在图 4.5 中,先从小数点开始每三位取成一位,不足补 0,将三位二进制按权相加,所得数按顺序读取值为 15.4,即是二进制 1101.1 的八进制值。

2) 八进制转二进制

取一分三法,即将一位八进制数分解成三位二进制数,用三位二进制按权相加去凑这位八进制数,小数点位置照旧。

如将八进制数 63.2 转换为二进制,转换方式,如图 4.6 所示。

<u>1</u>　<u>101</u>　.　<u>1</u>		6　　3　.　2
<u>001</u>　<u>101</u>　.　<u>100</u>　　补0		110　011　.　010
1　　5　.　4		110　011　.　01　　　去0

图 4.5　二进制转八进制　　　　　**图 4.6　八进制转二进制**

二进制与八进制转换过程中数值的对应关系,如表 4.5 所示。

表 4.5　二进制和八进制数值对应表

二　进　制	八　进　制	二　进　制	八　进　制
000	0	100	4
001	1	101	5
010	2	110	6
011	3	111	7

3. 二进制与十六进制的转换

和二进制与八进制转换类似,只不过是将十六进制一位与二进制四位相转换。

1) 二进制转十六进制

取四合一法,即从二进制的分界点(小数点),向左(向右)每四位取成一位,将这四位二进制按权相加,得到的数就是一位十六进制数,然后,按顺序进行排列,小数点的位置不变,得到的数即是十六进制数。如果无法凑足四位,则补 0,凑足四位。

如将二进制数 101011.101 转换为十六进制,转换方式,如图 4.7 所示。

在图 4.7 中,先从小数点开始每四位取成一位,不足补 0,将四位二进制按权相加,所得数按顺序读取值为 2B.A,即是二进制 101011.101 的十六进制值。

```
    10 1011 . 101
  0010 1011 . 1010    补0
    2    B  . A
```

图 4.7　二进制转十六进制

2）十六进制转二进制

取一分四法，即将一位十六进制数分解成四位二进制数，用四位二进制按权相加去凑这位十六进制数，小数点位置照旧。

如将十六进制数 6E.2 转换为二进制，转换方式，如图 4.8 所示。

```
    6    E  . 2
  0110 1110 . 0010
   110 1110 . 001    去0
```

图 4.8　十六进制转二进制

二进制与十六进制转换过程中的数值的对应关系，如表 4.6 所示。

表 4.6　二进制和十六进制数值对应表

二　进　制	十　六　进　制	二　进　制	十　六　进　制
0000	0	1000	8
0001	1	1001	9
0010	2	1010	A
0011	3	1011	B
0100	4	1100	C
0101	5	1101	D
0110	6	1110	E
0111	7	1111	F

4．八进制与十六进制的转换

不能直接转换，先将八进制（或十六进制）转换为二进制，然后再将二进制转换为十六进制（或八进制），小数点位置不变。

5．八进制、十六进制与十进制的转换

（1）间接法，先将进制数转换为二进制，然后再将二进制转换为目标进制。

（2）直接法，和二进制与十进制的转换类似。

4.2.5　输出八进制和十六进制数

要按照八进制形式来显示整数，可以这么做，示例代码如下：

```
int i = 10;
printf(" % o\n",i);
```

第 1 行定义了一个整型变量 i,同时初始化它的值为 10。

第 2 行输出整型变量 i 的值,注意%o,o 表示八进制整数,通常是有符号的,因此%o 的意思是按照八进制整数的格式来输出有符号整型变量 i 的值。

假如要按照十六进制形式来显示整数,可以将 o 改为 x。接下来通过一个案例演示输出八进制和十六进制数,如例 4-2 所示。

例 4-2

```
1    # include < stdio. h>
2    int main()
3    {
4        int i = 20;
5        printf(" % o\n",i);
6        printf(" % x\n",i);
7        printf(" % #o\n",i);
8        printf(" % #x\n",i);
9        return 0;
10   }
```

输出:

```
24
14
024
0x14
```

分析:

第 5 行:使用%o 来输出 i 的值,也就是按八进制形式来输出 i 的值,i 的初始值为 20,这是一个十进制数,它的八进制形式为 24(逢 8 进 1),因此结果显示 24。

第 6 行:使用%x 来输出 i 的值,也就是按十六进制形式来输出 i 的值,i 的初始值为 20,这是一个十进制数,它的十六进制形式为 14(逢 16 进 1),因此结果显示 14。

第 7 行:% #o 中的 # 表示为数字添加前缀,对于八进制来说,0 是前缀,因此输出结果 24 的前面多了个前缀 0。

第 8 行:% #x 中的 # 表示为数字添加前缀,对于十六进制来说,0x 或 0X 是前缀,因此输出结果 14 的前面多了个前缀 0x。

? 释疑:

问:为什么要使用八进制和十六进制,不统一使用十进制?

答:因为 8 和 16 是 2 的幂,而 10 不是,用八进制和十六进制可以更方便地表示与计算机相关的值(计算机用二进制来计数),如 8 是 2 的 3 次幂,因此八进制的 10 正好等于二进制的 1000,八进制的 100 则正好等于二进制的 1000000,十六进制是 2 的 4 次幂,因此十六进制的 10 正好等于二进制的 10000,十六进制的 100 则等于二进制的 100000000,八进制每进 1 位,相当于二进制进 3 位,十六进制每进 1 位,相当于二进制进 4 位,这样在执行换算的时候会更简便一些。

问：为什么要有前缀？

答：为了便于区分数据的进制，C 语言规定用专门的前缀来指明是哪一种进制，前缀 0 代表八进制，前缀 0x 或 0X 代表十六进制。

4.3 实 型 变 量

实型变量也称浮点型变量，是指用来存储实型数值的变量，其中实型数值是由整数和小数两部分组成的。表示实数的方式有 3 种：一般计数法、科学计数法和指数计数法，如 314.14、$3.1415 * 10^2$ 和 3.1415e2(e 或 E 进行指数显示)是同一实数的 3 种不同表示方法。实型变量根据实型的精度也可以分为 3 种类型，包括单精度型(float)、双精度型(double)和长双精度型(long double)3 种。接下来了解一下它们的定义形式，如表 4.7 所示。

表 4.7　实型变量的定义

数 据 类 型	定 义 形 式
单精度型	float f;
双精度型	double d;
长双精度型	long double ld;

4.3.1　单精度型变量

单精度型使用的关键字是 float。它占用 4 个字节的内存，取值范围是 $-3.4 \times 10^{38} \sim 3.4 \times 10^{38}$。

接下来通过一个案例来定义并输出 float 型变量的值，如例 4-3 所示。

例 4-3

```
1   # include < stdio. h>
2   int main( )
3   {
4       float a = 1.23f;
5       printf(" % f\n",a);
6       return 0;
7   }
```

■ 输出：

```
1.230000
```

🗐 分析：

第 4 行：定义一个 float 变量 a，并将它的值初始化为 1.23f，f 表示这是个 float 类型的数值,假如不加 f,编译器将 a 看作是一个 double 型数值。

第 5 行:输出 f 的值,%f 是个占位符,它表示在这个位置的将是一个浮点数,因此 %f 将被后面的浮点型变量 a 的值所替换。

4.3.2　双精度型变量

双精度型使用的关键字是 double,它占用 8 个字节的内存,取值范围是 $-1.79\times 10^{308}\sim 1.79\times 10^{308}$。

接下来通过一个案例来定义并输出 double 型变量的值,如例 4-4 所示。

例 4-4

```
1    # include < stdio. h>
2    int main()
3    {
4        double d = 34.125;
5        printf("% f\n",d);
6        return 0;
7    }
```

■ 输出:

```
34.125000
```

📄 分析:

首先在第 4 行定义了一个双精度类型变量 d,并为变量 d 初始化了一个值,最后以 %f 的形式输出 d 的值。

4.3.3　长双精度型变量

长双精度类型使用的关键字是 long double,它在不同的平台上占用的字节内存也不一样,但不管怎样 long double 所占用的内存不会小于 double。读者可以使用操作符 sizeof 来查看 long double 型变量在平台上到底占用多少内存。接下来通过一个案例演示如何查看 long double 型变量在平台上占用多少内存,如例 4-5 所示。

例 4-5

```
1    # include < stdio. h>
2    int main()
3    {
4        int i = sizeof(long double);
5        printf("% d\n",i);
6        return 0;
7    }
```

输出：

8

分析：

第 4 行：sizeof 是 C/C++ 中的一个操作符（也是关键字），它的作用是返回一个对象或类型所占的内存字节数。括号中放置的是对象或者类型，如例 4-5 中的 long double 类型，当 sizeof 对 long double 操作结束后，返回的即是 long double 这个类型所占用的内存字节数，这个字节数交给 i 来保存。

第 5 行：输出 i 的值，即 long double 类型所占用的内存字节数为 8，说明在当前平台中 long double 占用 8 个字节的内存，它等同于 double。

注意：

printf() 函数使用 %f 可以输出 float 和 double 数值，但是要输出 long double 数值就必须使用 %lf。另外，f 或 F 后缀使编译器把浮点常量当作 float 类型，如 12.12f 或 12.12F，而 l 或 L 后缀则使编译器把浮点常量当作 long double 类型，如 12.12l 或 12.12L，建议使用 L，因为数字 1 与字母 l 容易混淆。

4.3.4 实型变量的精度

所谓精度，就是指数值的精确程度。实型可表示的数值范围很大，但是只有几位是精确的，超过这几位就不精确了。

那么如何知道一共有几位是精确的呢？可以通过小数所占的位数来获得。

例如 float 类型，它的符号和小数部分合起来占用 24 位（二进制的位），去掉符号位，则小数部分只占用 23 位，每位只能存放 0 和 1 两个数字，因此 23 位能够表示的最大数字是 $2^{23}-1$，也就是 8 388 607，一共有 7 位（十进制的位），这意味着最多能有 7 位有效数字，但绝对能保证的为 6 位，即 float 类型的精度为 6～7 位有效数字。

至于 double 类型，它的符号和小数部分合起来占 53 位，去掉符号位，小数部分占用 52 位，因此 52 位能够表示的最大数字是 $2^{52}-1$，也就是 4 503 599 627 370 495，一共有 16 位，这意味着最多能有 16 位有效数字，但绝对能保证的为 15 位，即 double 类型的精度为 15～16 位有效数字。

long double 类型则与平台有关，不过最低限度不会小于 double 类型，因此它的精度在 15 位以上。各个浮点型变量的精度，如表 4.8 所示。

表 4.8 实型变量的精度

数 据 类 型	定 义 形 式	占用内存（位）	精 度
单精度型	float a；	32	6～7
双精度型	double a；	64	15～16
长双精度型	long double a；	与平台有关	15 位以上

⚠️ **注意:**

double 型比 float 型多占用 32 位内存,一些编译系统将多出来的 32 位全部用于小数部分,这会提高数值的精度,而另一些编译系统则将多出来的 32 位大部分给了指数,这会增大数值的取值范围,不过,值得高兴的是,不管哪种编译系统,都能够保证 double 的有效数字在 13 位以上。

4.4 字符型变量

字符型变量是用来存储字符常量的变量。将一个字符常量存储到一个字符变量中,实际上是将该字符的 ASCII 码值(无符号整数)存储到内存单元中。字符型变量在内存空间中占 8 位(一个字节),8 位二进制的最大值是 2^8-1,即 255,最小值是 2^0-1,即 0,因此字符型变量的取值范围为 0~255 之间。假如每个值对应一个字符,那么字符型变量可表示 256 个字符。

4.4.1 ASCII 码表

字符型变量存储的字符其实是 ASCII 码值,在计算机的存储单元中,一个 ASCII 码值占 8 位,而字符型变量也占 8 位,因此正好保存一个 ASCII 码值。不过 ASCII 码的最高位一般用于检测错误,或者闲置不用,因此只有 7 位来表示字符。十进制的 7 位可以用来表示 10^7 个字符,那么二进制的 7 位就可以用来表示 2^7 个字符,即 128 个字符。表 4.9 为 ASCII 码表的可打印部分(0~127),供大家查阅使用。

表 4.9 ASCII 码表

ASCII 值	控制字符	ASCII 值	控制字符	ASCII 值	控制字符	ASCII 值	控制字符
0	NUT	16	DLE	32	(space)	48	0
1	SOH	17	DCI	33	!	49	1
2	STX	18	DC2	34	"	50	2
3	ETX	19	DC3	35	#	51	3
4	EOT	20	DC4	36	$	52	4
5	ENQ	21	NAK	37	%	53	5
6	ACK	22	SYN	38	&	54	6
7	BEL	23	TB	39	'	55	7
8	BS	24	CAN	40	(	56	8
9	HT	25	EM	41	)	57	9
10	LF	26	SUB	42	*	58	:
11	VT	27	ESC	43	+	59	;
12	FF	28	FS	44	,	60	<
13	CR	29	GS	45	—	61	=
14	SO	30	RS	46	.	62	>
15	SI	31	US	47	/	63	?

续表

ASCII 值	控制字符	ASCII 值	控制字符	ASCII 值	控制字符	ASCII 值	控制字符
64	@	80	P	96	、	112	p
65	A	81	Q	97	a	113	q
66	B	82	R	98	b	114	r
67	C	83	S	99	c	115	s
68	D	84	T	100	d	116	t
69	E	85	U	101	e	117	u
70	F	86	V	102	f	118	v
71	G	87	W	103	g	119	w
72	H	88	X	104	h	120	x
73	I	89	Y	105	i	121	y
74	J	90	Z	106	j	122	z
75	K	91	[	107	k	123	{
76	L	92	/	108	l	124	|
77	M	93	]	109	m	125	}
78	N	94	^	110	n	126	~
79	O	95	—	111	o	127	DEL

接下来简要说明一下这 128 个字符。

第 0～31 号及第 127 号(共 33 个)是控制字符或通信专用字符,控制符有 LF(换行)、CR(回车)、FF(换页)、DEL(删除)、BEL(报警)等;通信专用字符有 SOH(正文开始),EOT(正文结束),ACK(收到通知)等。

第 32～126 号(共 95 个)是可见字符,其中第 48～57 号为 0～9 共 10 个阿拉伯数字,65～90 号为 26 个大写英文字母,97～122 号为 26 个小写英文字母,其余为一些标点符号,运算符号等。

当 ASCII 码值为 0 时,它表示第 0 号字符,当 ASCII 码值为 97 时,它代表第 97 号字符。字符型变量用于存储 ASCII 码值,因此可以将 ASCII 码值 97 赋给字符型变量,来查看第 97 号字符是什么。接下来通过一个案例演示 ASCII 码值的使用,如例 4-6 所示。

例 4-6

```
1    # include < stdio.h >
2    int main()
3    {
4        char c;
5        c = 97;
6        printf("c: % c\n",c);
7        return 0;
8    }
```

■ 输出:

```
c:a
```

📋 **分析：**

第 4 行：定义一个字符型变量并取名为 c，系统便为该变量分配了 1 个字节的内存空间，并在这块内存空间上贴一个标签 c。

第 5 行：ASCII 码值 97 赋给 c，这样系统便会到内存中寻找标签 c，然后在贴有 c 的空间上储存 97。

第 6 行：输出 c 的值，即 ASCII 码值为 97 的字符。%c 告诉编译器这里要输出的是一个字符，而不是整数，假如改为 %d，那么将输出整数 97。

⚠ **注意：**

编译器会把赋给字符型变量的值看作是 ASCII 码值，因此将 97 赋给 c，其实是将 ASCII 码值 97 赋给字符型变量，这样在输出字符变量 c 的值时，它会到计算机字符集中去寻找第 97 号字符，并且将该字符输出。

4.4.2 字符型变量的赋值

既然字符型变量保存的都是 ASCII 码值，那么将一个字符赋给字符型变量，是不是还要去背 ASCII 码值呢？

当然不用，C 语言允许直接将字符赋给字符型变量，示例代码如下：

```
c = 'a';
```

单引号告诉编译器，它将一个字符包括进去了，这样编译器就会到计算机字符集中查找与该字符相对应的 ASCII 码值，并将它转换为 ASCII 码值，示例代码如下：

```
c = 97;
```

编译器找到了字符 a 的 ASCII 码值，也就是 97，将字符 a 转换为 97，然后将 97 赋给 c。因此字符型变量 c 保存的仍然是 ASCII 码值，接下来通过一个案例演示字符型变量的赋值，如例 4-7 所示。

例 4-7

```
1    # include < stdio. h >
2    int main()
3    {
4        char c;
5        c = 'a';
6        printf("c 保存的字符: % c\n",c);
7        printf("c 保存的 ASCII 码值: % d\n",(int)c);
8        return 0;
9    }
```

🖥 **输出：**

```
c 保存的字符:a
c 保存的 ASCII 码值:97
```

分析:

第 5 行:将字符 a 赋给 c。

第 6 行:按字符形式输出 c 的值,因此输出的是 a,%c 表示按字符形式输出。

第 7 行:按整数形式输出 c 的值,因此输出的是字符 a 的 ASCII 码值 97。%d 表示按整数形式输出。注意 c 是个字符型变量,如果按整数形式输出它的值,必须将其值转换为整型,(int)c 就完成了这个转换,小括号是强制类型转换运算符,小括号中是转换后的类型,那么这个运算式执行完毕后,c 将被复制一份,它的副本则被转换为整型,而最终输出的也是其副本的值。

注意:

char 型实参 c 传递给函数 printf 会自动被转换为 int 类型,因此可省略前面的(int)不写。

4.4.3　输出 ASCII 码中可见字符

ASCII 码中第 32～126 号是可见字符,可见字符即可以看见的字符,接下来通过一个案例演示输出 ASCII 码值为 32～126 号之间的所有字符,如例 4-8 所示。

例 4-8

```
1    #include <stdio.h>
2    int main()
3    {
4        int i;
5        for(i=32;i<127;i++)
6        {
7            printf("%c",(char)i);
8        }
9        return 0;
10   }
```

输出:

```
!" # $ % & '( ) * +, -./0123456789:;< = >? @ ABCDEFGHIJKLMNOPQRSTUVWXYZ[\]^_`
abcdefghijklmnopqrstuvwxyz{|}~
```

分析:

第 5 行:该行开始一个 for 循环,小括号中有 3 条语句,i=32,将 i 的值赋为 32,i<127,表示当 i 的值为 127 时终止循环,i++表示每执行一次循环将 i 的值加 1。

第 7 行:将 i 强制转换为 char 型字符变量,然后输出该变量的值,这样每执行一次循环,就会输出一个 char 型字符变量的值,即输出一个字符,因此循环结束后,将会输出 ASCII 码值 32～126 号之间的所有字符。

4.4.4　数字与数字字符

数字 0 与数字字符'0'是有区别的，前者代表 ASCII 码值 0，而后者的 ASCII 码值为 48，接下来通过一个案例演示数字与数字字符，如例 4-9 所示。

例 4-9

```
1   # include < stdio. h >
2   int main()
3   {
4       char c1 = 0;
5       char c2 = '0';
6       printf(" % d\n % d",(int)c1,(int)c2);
7       return 0;
8   }
```

输出：

```
0
48
```

分析：

第 4 行：将数字 0 赋给 c1。

第 5 行：将数字字符'0'赋给 c2。

第 6 行：输出数字 0 和数字字符'0'的值，结果为 0 和 48。

4.4.5　类型转换

在程序中，经常会遇到不同数据类型的数据进行运算，为了解决这种用于运算的前后两个数据类型不一致的情况，需要通过一定的方法对数据类型进行转换。例如，将一个 double 类型的数据赋值给 int 类型的变量，就需要将 double 类型的值转换成 int 类型。C 语言中的类型转换可分为显式转换和隐式转换两种，具体如下。

1. 显式转换

简单地说，显式转换是手动写代码进行的转换，示例代码如下：

```
printf(" % f",(float)10/3);
```

该语句在 10/3 前面添加(float)，将结果的类型强制转换为 float，假如不写(float)，那么 printf 就会将 10/3 的结果看作一个整数，因此会输出 0.000000，也有可能输出一个随机数。如果不想使用强制转换运算符，可以这么做，示例代码如下：

```
printf("%f",10.0/3.0);
```

！ **注意：**

默认情况下，printf 将两个整数相除的结果看作整数，而不是浮点数，而使用 %f 来输出一个整数，是非法的，其结果未定义。

2. 隐式转换

隐式转换是编译器自动进行的转换，具体如何转换不需要程序编写者关心，示例代码如下：

```
float f = 3.1415f;
int i = f;
```

第 2 行将浮点型变量 f 的值赋给整型变量 i，由于两个变量的类型不匹配，编译器猜到程序编写者要进行转换，因此它自动进行转换，将浮点型变量 f 的值复制一份，然后将复制好的值转换为 int 类型，再赋给 i。这个转换过程是隐藏的，所以叫隐式转换。

！ **注意：**

无论是隐式转换还是显式转换，都会将目标变量的值复制一份，因此它转换的其实是复制好的值，这样做的目的，是保证在转换完成后，目标变量的类型不会改变。

接下来通过一个案例演示隐式转换，如例 4-10 所示。

例 4-10

```
1   # include < stdio. h >
2   int main()
3   {
4       float f = 3.1415f;
5       int i = f;
6       printf("%d\n",i);
7       printf("%f\n",f);
8       return 0;
9   }
```

▣ **输出：**

```
3
3.141500
```

▤ **分析：**

第 5 行：将 f 的值初始化给 i，编译器发现两个变量的类型不同，隐式进行转换，将 f 的值复制一份，把复制好的值转换为 int 类型，然后用转换后的值来初始化 i。f 没有被转换，它的类型仍然是 float。

第 6 行：输出 i 的值为 3，这是 3.1415 的整数部分，小数部分已经在转换中被舍弃。

第 7 行：输出 f 的值为 3.141500，这是个浮点数，说明 f 的类型仍然为 float，没有改变。

⚠ 注意：

本例题的程序编译后会有一条警告，提示将 float 类型转换为 int 类型，可能会丢失数据。

4.4.6 类型提升

当 char 和 short 类型的值出现在表达式中，无论有符号类型还是无符号类型，都会隐式转换成 int 类型或 unsigned int 类型，即 char 和 short 类型提升。

⚠ 注意：

假如是 16 位系统，short 和 int 一样大，那么无符号的 short 一定大于 int，在这种情况下，unsigned short 被转换成 unsigned int。

接下来通过一个例子来了解类型提升，示例代码如下：

```
char c1 = 10, c2 = 100;
c1 + c2;
```

c1 和 c2 都是 char 类型，计算表达式 c1+c2，会先将 c1 和 c2 转换成 int 类型，然后再相加。由于 c1 和 c2 是被转换成表示范围更大的类型，故将这种转换称为"提升"。

不仅在表达式中，在函数中也会出现"提升"，当作为参数传递给函数时，char 和 short 类型会提升成 int 类型，而 float 类型则会提升成 double 类型，示例代码如下：

```
char c = 'a';
printf("c 保存的 ASCII 码值：%d\n",c);
```

c 是 char 类型，作为参数传递给 printf 函数时，自动提升为 int 类型，因此不用再将 c 强制转换为 int 类型。

4.4.7 类型下降

类型下降是指等级较高的数据类型把值赋给了等级较低的数据类型，从而导致数据类型下降，这是因为在赋值语句中，无论赋值运算符右侧的值是什么类型都要转换成运算符左侧变量的类型，这个过程中就可能导致右侧的值类型提升或下降。示例代码如下：

```
int i;
double d = 3.1415926;
i = (int)d;
```

d 的级别比 i 高，因此将 d 的值赋给 i，会先将 d 的值转换为与 i 同样的类型，这将导致 d 的值类型下降（针对 d 的副本而言），下降可能会丢失数据，因此大部分编译器会发出警告,为避免发出警告,需要进行强制转换,另外需要注意的是,假如右值过大,超出了左值的取值范围,那么强行赋给左值,会导致左值溢出。

4.4.8　转义字符

转义字符是以反斜杠'\'开头,随后接特定的字符来实现某种特殊的用途,因此也称特殊字符,即有特殊用途的字符,示例代码如下:

```
char c = '\n';
```

'\n'便是一个转义字符,它的作用是换行,注意它的写法,反斜杠加字母 n,并用一对单引号将它们引起来。

而反斜杠加字母 r 表示回车,注意回车并不等于换行,回车只是将光标返回到该行的起始位置。'\n'才是回车加换行。

反斜杠'\'改变了其后字母的含义,接下来了解一下转义字符及其含义,如表 4.10 所示。

表 4.10　转义字符及其含义

转 义 字 符	含　　义
\a	铃声(警报声)
\b	回退
\f	换页
\n	换行
\r	回车
\t	水平制表(Tab 键)
\v	垂直制表
\'	单引号
\"	双引号
\?	问号
\\	反斜杠
\000	八进制表示的 ASCII 字符
\xhhh	十六进制表示的 ASCII 字符

接下来通过一个案例演示转义字符的使用,如例 4-11 所示。

例 4-11

```
1   # include < stdio. h >
2   int main()
3   {
4       char c1 = '\141',c2 = '\x61';
5       printf(" % c\n % c\n",c1,c2);
6       printf("\"\'\?\n");
7       return 0;
8   }
```

输出：

```
a
a
"'?
```

分析：

第 4 行：定义两个字符型变量 c1 和 c2，用'\141'初始化 c1，用'\x61'初始化 c2。

第 5 行：输出 c1 和 c2 的值，c1 的值是'\141'，'\141'是八进制数 141 对应的 ASCII 字符，即 a，c2 的值是'\x61'，'\x61'是十六进制数 61 对应的 ASCII 字符，即 a，因此输出的都是 a。

第 6 行：在 C 程序中，单引号、双引号和问号有特殊的意义，所以要想输出这 3 个字符，必须在前面加上反斜杠。

4.5 _Bool 型变量

C99 标准加入了_Bool 类型，用来表示两个逻辑值：0 或 1，即真或假。可以这样定义一个_Bool 类型的变量，示例代码如下：

```
_Bool flag;
```

然后进行赋值，示例代码如下：

```
flag = 1;
```

由于在 C 语言中，true 代表 1，false 代表 0，因此也可以这么赋值，示例代码如下：

```
flag = true;
```

它与 flag＝1 是相同的。

另外，也可以在定义时进行初始化，示例代码如下：

```
_Bool flag = true;
```

该语句定义了一个布尔型变量 flag，并将它的值初始化为 1。接下来通过一个案例演示_Bool 型变量的使用，如例 4-12 所示。

例 4-12

```
1    # include < stdio.h >
2    # include < stdbool.h >
3    int main()
```

```
4  {
5      _Bool flag = true;
6      if(flag == true)
7      {
8          printf("flag 的值为 1\n");
9      }
10     return 0;
11 }
```

输出：

flag 的值为 1

分析：

第 2 行：_Bool 类型在头文件 stdbool. h 中声明，所以必须添加该头文件。

第 5 行：定义了一个_Bool 类型的变量 flag 并初始化它的值为 true，即 1。

第 6 行：对 flag 的值进行判断，假如其值等于 true，那么执行第 8 行语句，输出"flag 的值为 1"，否则跳过第 7～9 行。

4.6　常　　量

在程序执行过程中，其值不能改变的量称为常量。普通常量的类型是根据数据的书写形式来决定的。如 100 是整型常量，0.5 是实型常量。示例代码如下：

```
int i = 10;
```

左侧的 i 是个变量，它的值是可以改变的，但是右侧的 10 是个常量，它是恒定不变的，永远都是 10。除此之外还可以通过关键字 define 和 const 来定义常量。

4.6.1　宏

由于普通常量看上去枯燥乏味，不好记忆，而且没有任何意义，因此，C 语言允许我们给常量取个别名，示例代码如下：

```
#define NUM 10
```

预处理指令 #define 给 10 取了个别名叫 NUM，NUM 就是宏，它是代替常量的标识符，此后，凡是在本文件中出现的 NUM 都代表 10，注意此行不是语句，因此结尾没有分号，接下来通过一个案例演示常量的使用，如例 4-13 所示。

例 4-13

```
1   # include < stdio. h>
2   # define NUM 10
3   int main()
4   {
5       double price = 30.0;
6       double total = price * NUM;
7       printf("%d 本«C 语言程序设计»总额为:%.2f 元", NUM, total);
8       return 0;
9   }
```

输出:

10 本«C语言程序设计»总额为:300.00 元

分析:

第 2 行:#define 给 10 取了个别名叫 NUM,从此行开始只要后面出现的 NUM 都会被编译器替换为 10。

第 6 行:不管编译成功与否,该语句中的 NUM 都要被替换为 10,因此这里执行的是 30.0 与 NUM 的相乘操作。

第 7 行:输出相乘的结果。

注意:

#define 是个预处理指令,它要在编译器编译代码之前运行,它后面所跟的标识符就是所谓的符号常量,又称宏名,宏名后面是宏体,当执行预处理时,会将所有的宏名替换为宏体,如例 4-13 将所有的 NUM 都替换成 10,这个工作叫作宏替换或宏展开。

此外不能对宏进行赋值,如例 4-13 中 NUM 其实就是 10,而 10 是恒定不变的,因此不能修改 NUM 的值。宏尽量要大写,这是为了与变量名区分。

释疑:

问:为什么要使用宏?

答:用宏代替数字,可以使程序更加易懂,如用 NUM 代替 10,看到 NUM 就知道是图书的数量,但是看到 10 有可能不清楚它代表的是什么。另外,用宏代替数字,可以做到一改全改,例如图书的数量发生变化,并且后面的代码中多次用到 NUM,此时只需修改宏体即可。

4.6.2 const 常量

C 语言除了用 #define 来为常量命名外,还能用 const 来定义常量,示例代码如下:

```
const int max = 10;
```

使用关键字 const 修饰变量 max 后，变量 max 就成只读的，即在程序中不能对其修改，只能读取。由于不可修改，因而它是一个常量，且在定义时必须进行初始化。接下来通过一个案例演示 const 常量的使用，如例 4-14 所示。

例 4-14

```
1   # include < stdio. h >
2   int main()
3   {
4       const int i = 10;        //const 常量只能被初始化
5       i = 15;                  //const 常量不能被赋值
6       return 0;
7   }
```

分析：

该程序无法通过编译，因为第 5 行试图修改 const 常量 i 的值，i 是只读的，因此无法对它进行写操作。

注意：

const 常量与宏的区别是：const 常量有数据类型，宏没有数据类型。

由于 const 常量有数据类型，因此编译器可以对常量的类型进行安全检查，当发现类型与实际数值不匹配时，会发出警告，但是宏没有数据类型，因此无法进行安全检查，这样在进行宏替换时有可能产生意料不到的错误。

4.6.3　枚举型常量

所谓枚举型常量就是将相同类型的常量一一列举出来，示例代码如下：

```
enum season{spring, summer, autumn, winter};
```

关键字 enum 将其后的 season 声明为枚举类型，大括号中则列举了属于这个枚举类型 enum 的所有常量，它们的默认值分别为 0、1、2、3，最后的分号表示枚举类型 season 的定义结束。

从上面的例子可以看出，枚举类型的第 1 个常量值默认为 0，其他依次递增，也可以自定义它的值，示例代码如下：

```
enum season{spring, summer = 5, autumn, winter = 10};
```

第 1 个常量 spring 没有被指定值，它自动为 0，第 2 个常量 summer 被初始化为 5，第 3 个常量 autumn 没有被指定值，它自动为 6，第 4 个常量 winter 被初始化为 10，接下来通过一个案例演示用枚举型常量实现 Bool 类型，如例 4-15 所示。

例 4-15

```
1   # include < stdio. h >
2   int main()
```

```
3  {
4      typedef enum {false, true} Bool;
5      Bool flag = true;
6      if(flag == true)
7      {
8          printf("flag is true");
9      }
10     return 0;
11 }
```

输出：

```
flag is true
```

分析：

第 4 行：typedef 为 C 语言的关键字，作用是为一种数据类型定义一个新名字，此处将枚举类型的名字定义成 Bool，括号中列出了用于 Bool 的 2 个枚举常量，其中 false 默认值为 0，true 默认值 1。

第 5 行：用枚举类型 Bool 定义了一个枚举变量 flag 并用枚举常量 true 的值初始化，这时 flag 的值为 true。注意 flag 是个枚举变量，它的值是可以改变的。

第 6 行：将 flag 与 true 的值做比较，假如相等，那么输出"flag is true"。

注意：

在 C89 中，创建布尔类型可以通过 typedef 来命名枚举类型，但在 C99 中有内置的布尔类型，因此不需要再定义 Bool 类型。

4.7 本 章 小 结

通过本章的学习，能够掌握 C 语言的数据类型，重点要了解的是数据类型从广义上可划分为常量和变量两大类，而常量和变量又可继续细分为基本类型、指针类型、构造类型和空类型，本章主要介绍了基本类型。

4.8 习 题

1. 填空题

(1) 浮点型可分为单精度型、双精度型、_____三种类型。

(2) 标识符只能由字母、数字、_____组成。

(3) 转义字符是以_____开头。

(4) 字符串常量是一对_____括起来的字符序列，且以 '\0' 结束。

（5）常量是指在程序执行过程中其值_____改变的量。

2. 选择题

（1）C 语言中最基本的非空数据类型包括（　　）。

　　A. 整型、浮点型、无值型　　　　　　　B. 整型、字符型、无值型

　　C. 整型、浮点型、字符型　　　　　　　D. 整型、浮点型、双精度型

（2）以下选项中合法的字符常量是（　　）。

　　A. "B"　　　　　　B. '\010'　　　　　　C. 68　　　　　　D. D

（3）C 语言中标识符的第一个字符（　　）。

　　A. 可以是字母、数字或下画线　　　　　B. 必须为下画线

　　C. 必须为字母或下画线　　　　　　　　D. 必须为字母

（4）若 float x;则关于 sizeof(x) 和 sizeof(float) 两种描述,正确的是（　　）。

　　A. 都正确　　　　　B. 都不正确　　　　C. 前者正确　　　　D. 后者正确

（5）在 C 语言中,char 型数据在内存中的存储形式是（　　）。

　　A. 补码　　　　　　B. 反码　　　　　　C. 原码　　　　　　D. ASCII 码

3. 思考题

（1）请简述字符型数据为什么可以进行数值运算。

（2）请简述 long 型与 int 型有什么区别。

（3）请简述 'a' 和 "a" 有什么区别。

（4）请简述 const 常量与宏有什么区别。

4. 编程题

编程实现输入一个小写字母并将小写字母转换成大写字母输出。

第5章

分支结构程序

本章学习目标

- 掌握 if 语句
- 掌握逻辑运算符
- 熟悉条件运算符
- 掌握 switch 语句

在日常生活中,经常能遇到需要进行选择的场景,例如,大家在利用提款机提款时,会进入到选择取款金额的画面,用户可以根据个人需求选择提取不同的金额,提款机根据用户的选择给出相应的金额,其程序的流程就是利用分支结构语句设计而成的。

5.1 if 分支语句

其实人们在生活中都是通过某种判断来决定自己的行为的。例如,想给好友发一封电子邮件,必须将账号密码都输入正确才能进行相关操作,否则登录失败需要重新输入,具体如图 5.1 所示。

图 5.1　电子邮箱登录界面

程序也是如此,if 语句是分支结构的一种,它根据给定的表达式进行判断,以决定执行某个分支程序段。每个 if 语句后面都会有个表达式,其中 if 和 else 后面可以只含一个操作语句,同时也可以有多个操作语句,此时就需要用大括号将几个语句括起来成为一个复合语句。

其语法格式如下:

```
if (表达式)
    语句
```

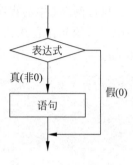

上述示例中,如果表达式的值为真,则执行其后面的语句,否则不执行该语句。if 语句的执行流程,如图 5.2 所示。

接下来通过一个案例来演示如果输入的整数不能被 3 整除,就显示出相应的信息。具体如例 5-1 所示。

图 5.2　if 语句流程图

例 5-1

```
1    # include < stdio. h>
2    int main()
3    {
4        int a;
5        printf("请输入一个整数:");
6        scanf(" % d\n", &a);
7        if (a % 3)
8            printf("输入的整数不能被 3 整除。")
9        return 0;
10   }
```

🔳 **输入:**

```
10
```

🔳 **输出:**

```
请输入一个整数:10
输入的整数不能被 3 整除。
```

📑 **分析:**

例 5-1 中 if 语句的表达式,即控制表达式是 a%3。该表达式的判断结果为 a 除以 3 的余数,因此只有当这个余数不为 0,也就是 a 的值不能被 3 整除的时候,才会执行后续的语句:

```
输入的整数不能被 3 整除。
```

当输入的整数能被 3 整除的时候,后续语句则不会执行。

5.1.1　else 语句

执行例 5-1 中的程序时,当输入值能被 3 整除时不输出任何信息。这次来修改程序,利用 else 语句让它在输入整数能被 3 整除的时候也显示出相应的信息。其语法格式如下:

```
if (表达式)
    语句 1
else
    语句 2
```

上述示例中,如果表达式的值为真,则执行其后面的语句 1,否则执行语句 2。if-else 语句的执行流程,如图 5.3 所示。

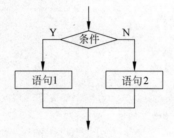

图 5.3　if-else 语句流程图

接下来通过一个案例来演示输入整数能被 3 整除的时候也显示出相应的信息,具体如例 5-2 所示。

例 5-2

```
1   # include < stdio. h >
2   int main()
3   {
4       int a;
5       printf("请输入一个整数:");
6        scanf("% d\n", &a);
7       if (a % 3)
8           printf("输入的整数不能被 3 整除。")
9       else
10          printf("该整数能被 3 整除。")
11      return 0;
12  }
```

⌨ 输入:

9

输出：

请输入一个整数:9
该整数能被 3 整除。

分析：

程序的功能是判断输入的整数能否被 3 整除,并输出结果。其中第 7～10 行代码为 if-else 结构,用于判断表达式 a ％ 3 的值,如果其值为真,那么程序会执行 if 后面的语句,否则将执行 else 后面的语句。当程序运行输入 9 时,表达式 a ％3 的值为假,因此程序会执行 else 后面的语句,最后程序输出"该整数能被 3 整除"。

5.1.2　else if 语句

else if 语句和此名称暗示的一样,它是 if 和 else 的组合。同 else 一样,它延伸了 if 语句,可以在原来的 if 表达式值为假时执行不同语句。但是同 else 不一样的是,它仅在 else if 的条件表达式值为真时执行语句。其语法格式如下：

```
if (表达式 1)
    语句 1
else if(表达式 2)
    语句 2
…
else if(表达式 n)
    语句 n
else
    语句 n + 1
```

上述示例中,依次判断表达式的值,当出现某个表达式的值为真时,则执行其对应的语句,然后跳出 else if 结构继续执行该结构后面的代码。如果所有表达式均为假,则执行 else 后面的语句 n+1。else if 语句的执行流程,如图 5.4 所示。

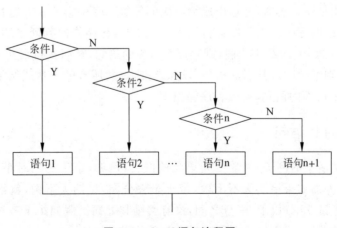

图 5.4　else if 语句流程图

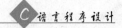

接下来通过一个案例来演示 if 语句第三种用法，具体如例 5-3 所示。

例 5-3

```
1   # include < stdio. h>
2   int main()
3   {
4       float s;
5       scanf(" % f", &s);
6       if (s >= 90)
7           printf("A");
8       else if (s >= 80)
9           printf("B");
10      else if (s >= 70)
11          printf("C");
12      else if (s >= 60)
13          printf("D");
14      else
15          printf("E");
16      return 0;
17  }
```

输入：

20

输出：

E

分析：

程序的功能是输入成绩，并输出成绩对应的等级。其中第 6～15 行代码为 else-if 结构，用于判断成绩的等级。当程序运行输入 s＝20 时，程序依次判断表达式的真假，先执行表达式 s ＞＝ 90，此时结果为假，则跳过其后面的语句，转而执行表达式 s ＞＝ 80，此时结果仍为假，则继续跳过其后面语句，以此类推，显然所有的表达式结果都为假。因此程序将执行 else 后面的语句，所以程序输出 E。

5.1.3 嵌套的 if 语句

通过一个生活中的例子，来学习 if 语句的嵌套，例如，小千妈妈对小千说"如果小千考试得 100 分，外加如果星期天不下雨，带小千去公园，星期天下雨，就给小千买辆玩具车。如果小千考试 95 分以上 99 分之间，没有奖励和处罚。假如小千考试 95 分以下，星期天在家温习功课"。这段话可以通过下面的伪代码来描述。

```
if (小千考试得了 100 分)
{
    if(星期天不下雨)
        带小千去公园玩
    else
        给小千买辆玩具车
}
else
{
    if(95 - 99 分)
        没有奖励和处罚
    else
        星期天在家温习功课
}
```

在 if 语句中又包含一个或多个 if 语句称为 if 语句的嵌套。接下来通过一个案例来实现,具体如例 5-4 所示。

例 5-4

```
1   # include < stdio. h >
2   int main()
3   {
4       float s;                    //小千考试成绩
5       int rain = 1;               //假设星期天没下雨
6       scanf(" % f", &s);
7       if (s == 100)               //小千考试得了 100 分
8       {
9           if (rain)               //星期天没下雨
10              printf("带小千去公园玩");
11          else                    //星期天下雨
12              printf("给小千买辆玩具车");
13      }
14      else
15      {
16          if (s >= 95)            //小千考试 95 - 99 分之间
17              printf("没有奖励和处罚");
18          else                    //小千考试 95 分以下
19              printf("星期天在家温习功课");
20      }
21      return 0;
22  }
```

📟 输入:

99

🖥 输出:

没有奖励和处罚

分析:

上述示例中,第 7~20 行代码使用了 if 嵌套结构。当程序运行输入 s = 99 时,程序先执行外层的 if 语句,判断表达式 s == 100 的真假,此时结果为假将执行 else 后面的语句,然后执行内层的 if 语句,判断表达式 s >= 95 的真假,此时显然为真,将执行 if 后面的语句,因此程序输出"没有奖励和处罚"。

5.1.4 if 与 else 的配对

当 if 和 else 数目不同时,else 总是与它上面的、最近的、统一复合语句中的、未配对的 if 语句配对,可以加大括号来确定匹配关系。

接下来通过一个案例来演示 if 与 else 的配对,具体如例 5-5 所示。

例 5-5

```
1    # include < stdio. h>
2    int main()
3    {
4        int a = 1, b = 0;
5        if(1 != a)
6            b++;
7        else if (a == 0)
8            if(a)
9                b += 2;
10       else
11           b += 3;
12       printf(" % d",b);
13       return 0;
14   }
```

输出:

0

分析:

上述示例中,第 5~11 行代码中使用了多个 if 和 else 语句,其中第 5 行代码的 if 将与第 7 行代码的 else 进行配对,第 10 行代码的 else 与第 8 行代码的 if 进行配对,而不是与第 7 行代码的 if 配对。例 5-5 与下面代码等价:

```
if(1 != a)
    b++;
else if (a == 0)
{
    if(a)
        b += 2;
```

```
    else
        b += 3;
}
```

程序运行时,将先执行 if 语句的 1 != a 表达式,其结果为假,会继续执行 else if 语句的 a == 0 表达式,其结果仍为假,将结束 if 结构的运行,直接打印 b 的值,因此输出 0。由此可见,else 的匹配不能通过代码缩进确定,只能通过大括号来确定。

5.1.5　多重嵌套的 if 语句

能被 4 整除,但不能被 100 整除的为闰年；能被 400 整除的也是闰年。接下来通过一个案例来演示这个功能的实现,具体如例 5-6 所示。

例 5-6

```
1   # include < stdio.h >
2   int main()
3   {
4       int year, leap;
5       scanf("% d", &year);
6       if (year % 4 == 0)
7       {
8           if (year % 100 == 0)
9           {
10              if (year % 400 == 0)
11                  leap = 1;
12              else
13                  leap = 0;
14          }
15          else
16              leap = 1;
17      }
18      else
19          leap = 0;
20      if (leap)
21          printf("% d是闰年", year);
22      else
23          printf("% d是平年", year);
24      return 0;
25  }
```

🖮 输入:

```
2004
2100
1900
2000
```

■ 输出：

```
2004 是闰年
2100 是平年
1900 是平年
2000 是闰年
```

■ 分析：

第 6 行：判断输入年是否能整除 4，如果不能，则是平年，将执行第 19 行代码，否则继续判断。

第 8 行：继续判断该年是否能整除 100，如果不能，则是闰年，将执行第 13 行代码，否则继续判断。

第 10 行：继续判断该年是否能整除 400，如果能，则是闰年，将执行第 11 行代码，否则是平年，将执行第 13 行代码。

第 20～23 行：根据结果输出该年是闰年还是平年。

5.2　逻辑运算符

逻辑表达式的值是一个逻辑量"真"或"假"。C 语言中的逻辑运算符和使用范例，如表 5.1 所示。

表 5.1　逻辑运算符

运 算 符	运 算	范 例	结 果
!	逻辑非	! 1 ! 0	0 1
&&	逻辑与	1 && 1 1 && 0 0 && 0 0 && 1	1 0 0 0
||	逻辑或	1 || 1 1 || 0 0 || 0 0 || 1	1 1 0 1

上述表中，优先级顺序依次是！＞&&＞||。其中"&&"和"||"的优先级低于关系运算符，"!"高于算数运算符。

5.2.1　逻辑与

在表达式 a&&b 中，只有当 a 和 b 的值都为真时，表达式结果才为真，否则为假。并不是所有的表达式都会执行,只有当 a 为真时,才会执行 b。

接下来通过一个案例来演示逻辑与的使用,具体如例 5-7 所示。

例 5-7

```
1    # include < stdio. h>
2    int main()
3    {
4        int a, b, ret;
5        a = b = 0;
6        ret = a && ++b;
7        printf("a&&++b = % d, a = % d, b = % d", ret, a, b);
8        return 0;
9    }
```

输出:

```
a&&++b = 0, a = 0, b = 0
```

分析:

上述示例中,第 6 行代码是用逻辑与表达式的结果初始化 ret 变量。程序运行时,a 的值为 0,此时无论右边表达式值的真假,整个逻辑表达式的结果都为假,所以 ret 的值为 0。而右边表达式++b 也不会被执行,b 的值仍为 0。

5.2.2　逻辑或

表达式 a || b 中,只要当 a 或 b 有一个为真时,表达式的结果就为真,否则为假。与 && 运算符类似,只要当 a 为假时,才会执行 b。

接下来通过一个案例来演示逻辑或的使用,具体如例 5-8 所示。

例 5-8

```
1    # include < stdio. h>
2    int main()
3    {
4        int a, b, ret;
5        a = b = 1;
6        ret = a || ++b;
7        printf("a||++b = % d, a = % d, b = % d", ret, a, b);
8        return 0;
9    }
```

输出:

```
a||++b = 1, a = 1, b = 1
```

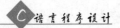 **分析：**

上述示例中，第 6 行代码是将逻辑或表达式的结果初始化 ret 变量。程序运行时，a 的值为 1，此时无论右边表达式值的真假，整个逻辑表达式的结果都为真，所以 ret 的值为 1。而右边表达式＋＋b 也不会被执行，b 的值仍为 1。

5.2.3 逻辑非

逻辑非是单目运算符，又称一元运算符，即参与运算符的表达式只有一个。表达式 !a 中，当 a 的值为真时，表达式的结果为假。

接下来通过一个案例来演示逻辑非的使用，具体如例 5-9 所示。

例 5-9

```
1   # include < stdio.h>
2   int main()
3   {
4       int x;
5       scanf("% d", &x);
6       if (!x)
7           printf("等于 0");
8       else
9         printf("不等于 0");
10      return 0;
11  }
```

输入：

```
1
0
```

输出：

```
不等于 0
等于 0
```

分析：

上述示例中，第 6 行代码的 if 语句用逻辑表达式作为判断条件，当 x = 1 时，表达式 !x 的值为假，程序将会执行 else 后面的语句，输出"不等于 0"；当 x = 0 时，表达式 !x 的值为真，程序将会执行 if 后面的语句，输出"等于 0"。

5.2.4 改变优先级

表达式中有多个逻辑运算符时，很难用优先级来判断程序的执行顺序，这时可使用小括号来改变表达式的优先级。

接下来通过一个案例来演示如何改变优先级,具体如例 5-10 所示。

例 5-10

```
1    # include < stdio. h>
2    int main()
3    {
4        int x, y, z, ret;
5        x = y = z = 0;
6        ret = ++x || ++y && ++z;
7        printf(" % d, x = % d, y = % d, z = % d\n", ret, x, y, z);
8        return 0;
9    }
```

输出:

```
1, x = 1, y = 0, z = 0
```

分析:

上述示例中,第 6 行代码是逻辑运算符的混合表达式。如果按优先级顺序分析,程序首先执行表达式++y && ++z,该表达式结果为 1,y = 1、z = 1;然后再执行++x||1,该表达式结果为 1,x = 1,显然这与实际运算结果不相符。这是因为编译器在编译时,是将||运算符后面部分整体当成一个表达式,这将与下面语句等价:

```
ret = ++x || (++y && ++z);
```

由于程序执行++x 后,该表达式结果为 1、x = 1,导致后面表达式不会被执行,所以 y 和 z 仍为 0。

5.2.5 真与假

计算机只能识别和处理 1 和 0,它的逻辑也就只有两个:真或假,为了能和计算机进行沟通,计算机工程师使用 1 来代表真,用 0 代表假。在 C 语言的语法中,沿用了这种方式,用 0 代表假,而任何非零的数值都为真。具体示例如下:

```
if (a)            //如果 a 的值为真(非 0 值)
if (!a)           //如果 a 的值不为真(0 值)
```

上述示例代码括号中的 a 是个表达式,假如 a 的值不为 0,那么 a 的值为真,!a 的值为假,第一个 if 条件满足,第二个 if 条件不满足,假如 a 的值为 0,那么 a 的值为假,!a 的值为真,第一个 if 条件不满足,第二个 if 条件满足。目前很多程序员喜欢这样的写法,但是这样的写法不太好理解,因此不建议这么写,应尽量采用清晰的表示方法,具体示例如下:

```
if (a!= 0)          //如果 a 不等于 0,为真
if (a == 0)         //如果 a 等于 0,为假
```

上述示例代码与前面示例中相比表达的意思更加清楚一些,它们的作用是相同的。

5.3　条件运算符

条件运算符也被称为三目运算符,学习条件运算符之前,先看一个例子,具体代码
如下:

```
if (a > b)
    max = a;
else
    max = b;
```

上述示例中,当 a > b 时将 a 的值赋给 max,当 a <= b 时将 b 的值赋给 max,可以
发现无论 a > b 是否满足,都是向同一个变量赋值。此时可以用一个条件运算符来代
替,简化后的代码如下:

```
max = (a > b) ? a : b;
```

该式中(a > b)? a : b 是一个具有 3 个操作对象的条件表达式,其中"?"和":"配
对起来称为三目条件运算符,它表示如果问号左侧的表达式为真,那么条件运算符的
值为冒号左侧表达式的值,也就是 a 的值,否则为冒号右侧表达式的值,也就是 b
的值。

接下来通过一个案例来演示条件运算符的使用,具体如例 5-11 所示。

例 5-11

```
1    # include < stdio. h >
2    int main()
3    {
4        int a, b, max;
5        scanf(" % d % d", &a, &b);
6        if (a > b)
7            max = a;
8        else
9            max = b;
10       printf("最大值为 % d\n", max);
11       max = (a > b) ? a : b;
12       printf("最大值为 % d\n", max);
13       return 0;
14   }
```

🖮 **输入：**

```
10 20
```

🖥 **输出：**

```
最大值为 20
最大值为 20
```

📖 **分析：**

上述示例中，两次输出结果都相同，说明两种运算方式都是一样的，只不过三目运算符比较简短而已。

1. 条件运算符的优先级

条件运算符也能嵌套使用，具体代码如下：

```
max = a > b ? a > c ? a : c : b > c ? b : c;
```

可由条件运算符的优先级和结合性来判断该式的执行顺序，条件运算符优先级高于赋值运算符，低于关系和算数运算符，它的结合方向为自右向左。也就是该式相当于：

```
max = a > b ? (a > c ? a : c) : (b > c ? b : c);
```

接下来通过一个案例来演示条件运算符的嵌套使用，具体如例 5-12 所示。

例 5-12

```
1    # include < stdio. h >
2    int main( )
3    {
4        int a = 1, b = 2, c = 3, max;
5        max = a > b ? a > c ? a : c : b > c ? b : c;
6        printf(" % d\n", max);
7        max = a > b ? (a > c ? a : c) : (b > c ? b : c);
8        printf(" % d\n", max);
9        return 0;
10   }
```

🖥 **输出：**

```
3
3
```

📑 **分析：**

上述示例中，输出结果相同，这证明两个表达式是等价的。

2. 条件运算符的操作数类型

条件运算符可对不同类型的值进行操作，即式中三个表达式的类型都可以不相同，条件运算符会自动转换为它们中最高级的数据类型进行运算。

接下来通过一个案例来演示条件运算符对不同类型的数据进行操作，具体如例 5-13 所示。

例 5-13

```
1    #include<stdio.h>
2    int main()
3    {
4        int a = 10;
5        double b = 0.0;
6        printf("%f\n", a>b?a:b);
7        return 0;
8    }
```

🖥 **输出：**

```
10.000000
```

📑 **分析：**

上述示例中，定义了一个整型变量 a，又定义了一个双精度浮点数 b，然后用条件运算符将 a 和 b 都转化为它们之中最高级的数据类型，也就是浮点数类型，然后对它们进行运算操作，得出表达式的值，即转化为浮点数类型 a 的值，并将其输出。

3. 条件运算符的常见用法

条件运算符常用于字符大小写转换。接下来通过一个案例来演示这个功能的实现，具体如例 5-14 所示。

例 5-14

```
1    #include<stdio.h>
2    int main()
3    {
4        char ch;
5        scanf("%c", &ch);
6        ch = (ch>='A' && ch<='Z') ? (ch+32) : ch;
7        printf("%c\n", ch);
8        return 0;
9    }
```

⌨ **输入：**

```
1
A
C
```

🖥 **输出：**

```
1
a
c
```

📑 **分析：**

　　上述示例中,程序的功能是输入一个字符,判断它是否大写字母,如果是,将它转换成小写字母;如果不是,则不转换并输出最后得到的字符。第 6 行代码中,运用的是条件表达式,该式首先计算括号内的逻辑表达式,即判断 ch 是否是大写字母 A 到 Z 之间的任意字符,如果是,则执行 ch+32,将大写字母转换为小写。如果不是,则执行 ch,也就是不转换。

5.4　switch 分支语句

　　if 语句可以实现多分支选择,如果条件过多,大量的 if-else 容易配对混淆,造成逻辑混乱,这时可用 switch 语句,其语法格式如下:

```
switch (表达式)
{
case 常量表达式 1:
    语句
    break;
case 常量表达式 2:
    语句
    break;
…
case 常量表达式 n:
    语句
    break;
default:
    语句
}
```

　　switch 后面小括号中表达式的值,与某个 case 后面的常量表达式的值相等时,就执行该 case 后面的语句,直到遇到 break 语句为止。如果与所有 case 的常量表达式的值都不相等时,就执行 default 后面的语句。如果既没有与 case 的常量表达式相等的值,也没有 default 后面的语句,则默认退出 switch 分支结构。

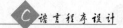

需要注意的是,switch 语句中表达式的类型可以是整型、字符型和枚举类型;case 的常量表达式的值必须互不相同;执行结果与 case 和 default 出现的顺序无关。

接下来通过一个案例来演示 switch 语句的使用,具体如例 5-15 所示。

例 5-15

```
1   # include < stdio. h>
2   int main()
3   {
4       char grade;
5       scanf(" % c", &grade);
6       switch (grade)
7       {
8       case 'A':
9           printf("分数段为 90～100\n");
10          break;
11      case 'B':
12          printf("分数段为 80～90\n");
13          break;
14      case 'C':
15          printf("分数段为 70～80\n");
16          break;
17      case 'D':
18          printf("分数段为 60～70\n");
19          break;
20      case 'E':
21          printf("分数段为 0～60\n");
22          break;
23      default:
24          printf("输入的格式不正确\n");
25      }
26      return 0;
27  }
```

⌨ **输入:**

C

◼ **输出:**

分数段为 70～80

📄 **分析:**

上述示例中,第 6 行 switch 检查 grade 的值是否与某个 case 中的值相同,假如相同,那么执行该 case 中的语句。程序运行输入 C,该值被保存在 grade 变量中,第 6 行的 switch 检查 grade 的值,发现与第 14 行的 case 值相等,因此执行第 15 行,输出"分数段为 70～80"，然后执行第 16 行，遇到 break 语句，退出 switch 语句，程序转到第 26 行来执行。

case 只是起语句标号作用，并不是在条件判断。在执行 switch 语句时，根据其后面表达式的值，找到匹配的入口标号，就从此标号开始执行下去，不再进行判断，直到遇到 break 语句为止，或者 switch 语句执行完毕。

接下来通过一个案例来演示 switch 语句中不包含 break 语句的情况，具体如例 5-16 所示。

例 5-16

```
1    # include < stdio. h >
2    int main()
3    {
4        char grade;
5        scanf(" % c", &grade);
6        switch (grade)
7        {
8        default:
9            printf("输入的格式不正确\n");
10       case 'A':
11           printf("分数段为 90～100\n");
12       case 'B':
13           printf("分数段为 80～90\n");
14       case 'C':
15           printf("分数段为 70～80\n");
16       case 'D':
17           printf("分数段为 60～70\n");
18       case 'E':
19           printf("分数段为 0～60\n");
20       }
21       return 0;
22   }
```

⌨ 输入：

C

▣ 输出：

分数段为 70～80
分数段为 60～70
分数段为 0～60

🔍 分析：

上述示例中，程序运行输入"C"，该值被保存在 grade 变量中，第 6 行的 switch 检查

grade 的值,发现与第 14 行的 case 值相等,因此执行第 15 行,输出"分数段为 70~80",由于没有遇到 break 语句,程序将继续执行第 17 行,输出另一条信息,然后一直到 switch 语句结束。

5.5　本 章 小 结

通过本章的学习,能够掌握 C 语言条件选择语句的使用,重点要了解的是当需对某种条件进行判断,为真或为假时分别执行不同的语句时,可以使用 if 语句。假如需要检测的条件很多,就用 if 与 else 配对使用。假如条件过多,就使用 switch 语句。

5.6　习　　题

1. 填空题

(1) 关系运算符又称_____,用于比较两个表达式的大小。

(2) "?"和":"配对起来称为_____。

(3) switch 语句中表达式的类型可以是整型、_____和枚举类型。

(4) 判断字符变量 ch 是否为数字字符的 C 语言表达式是_____。

(5) 若 int a=5,b=2;则表达式 a==b 的值为_____。

2. 选择题

(1) 逻辑运算符两侧运算对象的数据类型(　　)。

　　A. 只能是 0 或 1　　　　　　　　　　B. 只能是 0 或非 0 正数

　　C. 只能是整型或字符型数据　　　　　D. 可以是任何类型的数据

(2) 下列运算符中优先级最高的是(　　)。

　　A. <　　　　　　B. +　　　　　　C. &&　　　　　　D. !=

(3) 若 int w=1,x=2,y=3,z=4;则表达式 w<x? w:y<z? y:z 的值是(　　)。

　　A. 4　　　　　　B. 3　　　　　　C. 2　　　　　　D. 1

(4) 下列选项中,(　　)不属于 switch 语句的关键字。

　　A. break　　　　B. case　　　　C. for　　　　D. default

(5) 若 int a=2,b=3;则 a||b 的十进制数值为(　　)。

　　A. 0　　　　　　B. 3　　　　　　C. 2　　　　　　D. 1

3. 思考题

(1) 请简述 switch 语句中 break 的作用是什么。

(2) 请简述语句 if (i==0)与 if (i=0)的区别是什么。

（3）请简述逻辑或与逻辑与的区别是什么。

（4）请简述<表达式 1 >? <表达式 2 >:<表达式 3 >; "?"的含义是什么。

4. 编程题

（1）输入三角形的三边长,求三角形的面积。

（2）任意输入一个成绩,给出评语：90～100：优秀、80～89：良好、60～79：及格、0～59：不及格。

第6章

循环结构语句

chapter 6

本章学习目标

- 了解 goto 语句
- 熟练掌握 while 循环
- 熟练掌握循环控制语句
- 熟练掌握 do…while 循环
- 熟练掌握 for 循环

在实际开发中,当碰到需要多次重复地执行一个或多个任务时,可使用循环语句来解决。循环语句的特点是在给定条件成立时,重复执行某个程序段。通常称给定条件为循环条件,称反复执行的程序段为循环体。

6.1　goto 语句

goto 语句通常与条件语句配合使用,用来实现条件转移,构成循环,跳出循环体等。在实际生活中,如要计算出 1～100 奇数累加的和,就需要把 1～100 中每个奇数都找出来再进行累加,这样会花费不少时间,而运用前面学到的条件选择语句与 goto 语句搭配使用就可轻松计算出 1～100 奇数累加的和,下面就将学习 goto 语句的使用。

goto 语句也称为无条件转移语句,用于改变程序流向,转去执行语句标号所标识的语句。其语法格式如下:

```
语句标号:
…
goto 语句标号;
```

其中语句标号是一个有效的标识符,这个标识符加上一个“:”一起出现在函数内某处,执行 goto 语句后,程序将跳转到该标号处并执行其后的语句。

另外,标号必须与 goto 语句同处于一个函数中,但可以不在一个循环层中。通常 goto 语句与 if 条件语句连用,当满足某一条件时,程序跳到标号处运行。

接下来通过一个案例来演示计算 1～100 的奇数累加的和,具体如例 6-1 所示。

例 6-1

```
1    # include < stdio. h>
2    int main()
3    {
4        int i = 1, sum = 0;
5    lable:                  //标号
6        if (i < = 100)
7        {
8            sum += i;
9            i += 2;
10           goto lable;      //跳转到标号处
11       }
12       printf("1~100 奇数和为：% d\n", sum);
13       return 0;
14   }
```

输出：

1~100 奇数和为：2500

分析：

第 4 行：声明变量 i 和 sum，并将 i 初始化为 1，将 sum 初始化为 0。

第 5 行：定义一个标号"lable"。

第 6 行：使用了一个 if 语句，它判断 i 的值是否小于等于 100，假如小于等于 100，则程序继续向下执行，执行第 10 行代码，遇到转移语句 goto，程序将跳转到 lable 标识处，也就是第 8、9 行，sum 累加 i 的值，再对 i 进行一次加 2，如此循环执行，直到 i 大于 100 为止。

由此可发现，goto 语句能实现循环执行一段代码的功能，但是在一定程度上破坏了条件判断语句的结构，使程序流程无规律、可读性差。

6.2 while 循环

while 是循环结构中的一种，用于事先不知道循环次数的情况，其语法格式如下：

```
while (循环条件)
{
    循环体
}
```

当循环条件为非 0 值时，就执行 while 的语句，也就是循环体，否则跳过该语句去执行 while 结构后面的代码。循环体可以是用大括号括起来的一些语句的复合语句，在循环体中应有使循环趋向于结束的语句。while 循环的特点是：先判断循环条件，后执行语句。其流程如图 6.1 所示。

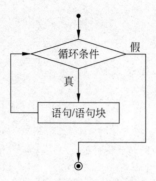

图 6.1　while 语句流程图

接下来通过一个案例来演示 while 循环的使用，具体如例 6-2 所示。

例 6-2

```
1   # include < stdio.h >
2   int main()
3   {
4       int n;
5       printf("请输入 0～100 之间的整数：");
6       scanf("% d", &n);
7       while (n < 0 || n > 100)
8       {
9           printf("请输入 0～100 之间的整数：");
10          scanf("% d", &n);
11      }
12      printf("输入数为 % d", n);
13      return 0;
14  }
```

⌨ 输入：

请输入 0～100 之间的整数：－1

🖥 输出：

请输入 0～100 之间的整数：111
请输入 0～100 之间的整数：88
输入数为 88

📑 分析：

第 4 行：声明变量 n。

第 5 行：输出提示信息。

第 6 行：要求用户输入一个整数，存放在变量 n 中。

第 7 行：开始 while 循环，它的条件为 n<0||n>100，也就是当 n 的值小于 0 或大于 100 时执行循环。

第 9 行：输出提示信息。

第 10 行：要求用户输入一个整数，并存放在变量 n 中。输入后，本轮循环执行完毕，继续执行下次循环，也就是执行第 7 行代码判断表达式的值，一直重复该过程，直到表达式的值为 0 为止，结束 while 循环，转而执行第 12 行代码。

第 12 行：输出用户输入的整数值。

6.2.1　限定 while 循环的次数

在前面的小节中，大家学习了如何使用 goto 语句计算出 1～100 的奇数累加的和，接下来通过一个案例来演示用 while 循环来计算出 1～100 累加的和，具体如例 6-3 所示。

例 6-3

```
1    # include < stdio. h>
2    int main()
3    {
4        int i = 1, sum = 0;
5        while (i <= 100)
6        {
7            sum += i;
8            i++;
9        }
10       printf("1～100 累加的和为: % d", sum);
11       return 0;
12   }
```

🖥 **输出：**

1～100 累加的和为: 5050

📋 **分析：**

第 4 行：声明变量 i 和 sum，并赋初始值。

第 5 行：开始 while 循环，它的条件为 i<=100，也就是 i 的值小于或等于 100 时，执行循环。

第 7 行：sum 累加 i 的值。

第 8 行：i 自加，用来限定循环的次数。

第 10 行：输出累加的和。

while 首先检测后面的条件，如果条件为真就执行大括号里的语句，这和 if 语句是一

样的,所不同的是,if 语句是执行一遍,而 while 则是循环执行,直到条件为假才停止。

6.2.2 continue 语句跳过循环

有时想让程序在满足某个条件的情况下结束本次循环,即跳过循环体中下面尚未执行的语句,接着进行下一次是否执行循环的判定,此时需要用到 continue 语句。

接下来通过一个案例来演示 continue 语句的使用,具体如例 6-4 所示。

例 6-4

```
1   #include<stdio.h>
2   int main()
3   {
4       int i = 0;
5       while (i < 3)
6       {
7           i++;
8           if (i == 2)
9               continue;
10          printf("i的值为: %d\n", i);
11      }
12      return 0;
13  }
```

■ 输出:

```
i的值为: 1
i的值为: 3
```

■ 分析:

第 5 行:判断条件是 i<3 的 while 循环。

第 7 行:变量 i 自加。

第 8 行:判断 i 的值是否等于 2,如果等于,那么执行 continue 语句,忽略后面的所有语句,直接跳转到 while 循环的开始处继续执行,也就是第 5 行。

程序运行时,i 的初始值为 0,符合 while 循环的条件,执行第 7 行将 i 自加,此时 i 等于 1,不符合第 8 行的条件,因此执行第 10 行,输出"i 的值为 1";继续执行下一次循环,仍然满足 while 的条件,将 i 自加,此时 i 等于 2,符合第 8 行的条件,因此将执行 continue 语句,会忽略该语句后面的代码,跳转到第 5 行对 i 的值进行判断,由于 i 小于 3,因此将执行第 7 行,将 i 自加,此时 i 等于 3,不符合第 8 行的条件,因此执行第 10 行,输出"i 的值为 3";然后执行下一次循环,这时 i 的值已经不符合 while 循环的条件,因此不再执行 while 语句,转到第 12 行去执行。

6.2.3 break 语句终止循环

当满足一定的条件时,需要从循环体中跳出来,即提前结束循环,接着执行循环结构后面的代码,此时需要用到 break 语句。

接下来通过一个案例来演示 break 语句的使用,具体如例 6-5 所示。

例 6-5

```
1   # include < stdio.h >
2   int main()
3   {
4       int i = 0;
5       while (i < 3)
6       {
7           i++;
8           if (i == 2)
9               break;
10          printf("i的值为: % d\n", i);
11      }
12      return 0;
13  }
```

输出:

i 的值为: 1

分析:

第 4 行:声明变量 i,并设置初识值为 0。

第 5 行:开始 while 循环,判断当前 i 的值是否小于 3。

第 7 行:i 自加。

第 8 行:执行 if 语句,判断当前 i 的值是否等于 2,如果等于,则执行第 9 行;如果不等于,则执行第 10 行。

第 9 行:执行 break 语句,直接退出 while 循环,程序将转到第 12 行执行。

第 10 行:输出当前 i 的值。

6.2.4　exit 函数终止程序

exit 是一个库函数,它在头文件 stdlib.h 中声明,用于终止程序的运行。该函数可接收一个 int 型参数,exit(0)表示正常退出,exit(1)表示非正常退出。

接下来通过一个案例来演示 exit 函数的使用,具体如例 6-6 所示。

例 6-6

```
1   # include < stdio.h >
2   # include < stdlib.h >        //标准库头文件
3   int main()
4   {
5       int i = 0;
6       while (i < 3)
```

```
7       {
8           i++;
9           if (i == 2)
10              exit(0);
11          printf("i的值为: %d\n", i);
12      }
13      printf("while 循环结束!\n");
14      return 0;
15  }
```

输出：

i 的值为：1

分析：

第 2 行：包含头文件 stdlib.h。

第 5 行：声明变量 i，并赋初值 0。

第 6 行：开始执行 while 循环，判断 i 的值是否小于 3。

第 8 行：i 自加。

第 9 行：执行 if 语句，判断当前 i 的值是否等于 2，若等于 2，则执行第 10 行；若不等于 2，则执行第 11 行。

第 10 行：执行 exit(0)函数，终止程序的运行，不执行第 13 行代码输出信息。

第 11 行：输出当前 i 的值。

第 13 行：输出"while 循环执行结束"信息。

6.2.5 应用实例——猜数字

srand 和 rand 都是库函数，同样声明在 stdlib.h 头文件中。rand 函数用于产生随机数，取值范围在 0~32 767 之间，它产生的是伪随机数，是以一个初始值（称为种子）为基准计算出来的一个数。如果给定种子，则产生的随机数都是一样的。srand 函数用于设置随机数种子。

接下来通过一个案例来演示如何实现猜数字游戏，具体如例 6-7 所示。

例 6-7

```
1   #include<stdio.h>
2   #include<stdlib.h>              //标准库头文件
3   #include<time.h>                //时间头文件
4   int main()
5   {
6       int rundomNum;             //随机数
7       int n = 0;                 //记录猜测次数
8       int guessNum = 0;          //猜测数
```

```
9        srand((unsigned)time(NULL));              //用当前时间作为随机数种子
10       rundomNum = rand() % 100 + 1;             //范围[1, 100]
11       printf(" --- 猜数字游戏 --- \n");
12       printf("数字范围在 1～100 之间\n");
13       while (guessNum != rundomNum)
14       {
15           printf("请输入猜测的数：");
16           scanf("% d", &guessNum);
17           if (guessNum < rundomNum)
18               printf("小了\n");
19           if (guessNum > rundomNum)
20               printf("大了\n");
21           n++;
22       }
23       printf("一共猜测了 % d 次，该数是：% d", n, rundomNum);
24       return 0;
25  }
```

输出：

分析：

第 9 行：用系统时间作为 rand 函数使用的种子。time 函数包含在 time.h 头文件中，因此在程序的第 3 行，引入了这个头文件。

第 10 行：用 rand 函数产生一个随机数，然后用产生的随机数除以 100，取余数，由于除数为 100，因此余数一定在 0～99 之间，randomNum 用来保存这个余数。因为余数可能为 0，因此将余数加 1，这样得到的数字一定在 1～100 之间。

第 13～22 行：while 循环。当玩家猜的数字 guessNum 不等于余数 randomNum 时，循环执行。

第 23 行：当玩家猜中数字时，循环结束，执行本行语句，输出一共猜了多少次和猜中的数字。

注意：

srand 函数可以改变 rand 函数使用的种子。系统时间传递给 srand 函数，作为 rand 函数使用的种子，这样每次执行程序时种子都不一样。time 函数用来获得当前的系统时间，它的返回值为从 1970 年 1 月 1 日 0 点 0 分 0 秒格林尼治标准时间到现在所持续的秒数,该秒数是 time_t 类型的数据,将其转换为 unsigned 类型的数据再传递给 srand 函数,可以改变 rand 函数使用的种子。由于系统时间是不断变化的,所以 rand 函数使用的种子也在不断变化。如果使用 srand 函数程序多运行几次,可能会发现猜中的数字都是相同的。这是因为 rand 函数产生的随机数都是一样的。

6.2.6　无限循环

如果将 while 循环的循环条件设置为真或不限定 while 循环执行的次数,循环将会无限地执行下去。下面通过一个案例来演示无限循环,具体如例 6-8 所示。

例 6-8

```
1   # include < stdio. h >
2   int main()
3   {
4       int n = 0;
5       while (1)
6       {
7           printf(" % d\n",n);
8           n++;
9       }
10      return 0;
11  }
```

■ 输出:

```
1
2
3
…
20004
…
```

▨ 分析:

第 5 行:将 while 循环的循环条件设置为 1,由于非 0 值都为真。因此该循环条件就始终为真,这样循环就不可能停止,将无限执行下去直到系统瘫痪。但可以在循环体中加入 break 语句来终止循环。具体如例 6-9 所示。

例 6-9

```
1   # include < stdio. h >
2   int main()
3   {
4       int n = 0;
5       while (1)
```

```
6      {
7          printf("%d\n",n);
8          n++;
9          if (n>=5)
10         {
11             break;
12         }
13     }
14     return 0;
15 }
```

输出：

```
0
1
2
3
4
```

分析：

第 4 行：定义了一个整型变量 n，并将它的值初始化为 0；注意这里并没有在 while 循环中定义该变量并给它赋初始值。如果那样做的话，每次循环后都会将 n 变量清零，那么循环就永远不会结束。

第 8 行：将 n 进行自加。

第 9 行：判断 n 的值是否大于等于 5，假如其值大于等于 5，则强制跳出 while 循环。

注意：

如果一直不满足退出循环的条件，while(1)这样的循环就会一直循环下去，直到系统瘫痪，因此使用 while 循环时要添加适当的语句来控制循环的执行次数。

6.3　do…while 循环

do…while 语句与 while 语句类似，它们之间的区别在于：while 语句是先判断循环条件的真假，再决定是否执行循环体。而 do…while 语句则先执行循环体，然后再判断循环条件的真假，因此 do…while 循环体至少被执行一次。在日常生活中，如果能够多加注意，并不难找到 do…while 循环的影子。例如，在利用提款机提款前，会先进入输入密码的画面，允许用户输入 3 次密码，如果 3 次都输入错误，即会将银行卡吞掉，其程序的流程就是利用 do…while 循环设计而成的。其语法格式如下：

```
do
{
    循环体
} while (循环条件);
```

do…while 语句与 while 语句还有一个明显的区别是，如果 while 语句误添加分号，会导致死循环；而 do…while 的循环条件后面必须有一个分号，用来表明循环结束。do…while 的循环流程如图 6.2 所示。

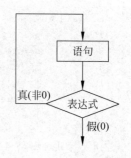

do…while 循环语句将循环条件放在了循环体的后面。先执行一次指定的循环体语句，然后判别表达式，当表达式的值为真（非 0 值）时，返回重新执行循环体语句，如此反复，直到表达式的值为假（0 值）时，循环结束。接下来通过一个案例来具体演示 do…while 的使用，具体如例 6-10 所示。

图 6.2 do…while 流程图

例 6-10

```
1   # include < stdio. h >
2   int main()
3   {
4       int i = 1, sum = 0;
5       do
6       {
7           sum += i;
8           i++;
9       }while(i < = 10);
10      printf(" % d\n", sum);
11      return 0;
12  }
```

📺 输出：

55

📑 分析：

先执行第 5 行的 do 后面的循环体，再执行第 9 行 while 中的循环条件，最后输出 1~10 的累加和。

接下来通过案例来演示 while 和 do…while 循环的不同之处，while 循环具体如例 6-11 所示。

例 6-11

```
1   # include < stdio. h >
2   int main()
3   {
4       int i;
5       int pro = 1;
6       scanf(" % d", &i);
7       while(i < = 5)
8       {
```

```
9         pro * = i;
10        i++;
11    }
12    printf(" % d\n",pro);
13    return 0;
14 }
```

⌨ 输入:

```
7
```

🖥 输出:

```
1
```

📄 分析:

当第 6 行输入 7 时,while 条件不满足,因此循环一次也不执行。如想让循环体最少执行一次,可用 do…while 循环实现,具体如例 6-12 所示。

例 6-12

```
1    # include < stdio. h >
2    int main()
3    {
4        int i;
5        int pro = 1;
6        scanf(" % d",&i);
7        do
8        {
9            pro *  = i;
10           i++;
11       }while(i < = 5);
12       printf(" % d\n",pro);
13       return 0;
14 }
```

⌨ 输入:

```
7
```

🖥 输出:

```
7
```

分析：

第 6 行输入 7 时，先执行一次 do…while 循环中 do 后面的循环体，再执行 while 后的判断条件，若不满足条件则退出循环，因此即使条件不满足，也会执行一次循环。

6.4 for 循环

在 C 语言中，除了使用 while 和 do…while 实现循环外，for 循环也是最常见的循环结构，而且其语句更为灵活，不仅可以用于循环次数已经确定的情况，还可以用于循环次数不确定而只给出循环结束条件的情况。for 循环完全可以代替 while 语句，其语法格式如下：

```
for (赋初始值; 循环条件; 迭代语句)
{
    语句 1;
    …
    语句 n;
}
```

若是在循环主体中要处理的语句只有 1 条，可以将大括号去掉，但是不建议省略。下面列出 for 循环的流程，如图 6.3 所示。

- 第一次进入 for 循环时，对循环控制变量赋初始值。
- 根据判断条件的内容检查是否要继续执行循环，当判断条件值为真（非 0）时，继续执行循环主体内的语句；判断条件值为假（0）时，则会跳出循环，执行其他语句。
- 执行完循环主体内的语句后，循环控制变量会根据增减量的要求，更改循环控制变量的值，再回到上一步重新判断是否继续执行循环。

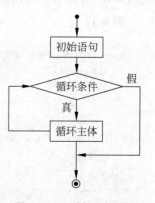

图 6.3 for 循环流程图

while 循环中限定循环的次数会比较麻烦，需要在循环体内对控制循环次数的变量进行自增或自减，而 for 循环则不需要。接下来通过一个案例来演示 for 循环，具体如例 6-13 所示。

例 6-13

```
1    # include < stdio. h >
2    int main()
3    {
4        int sum = 0;
5        int i;
6        for( i = 1; i < = 10; i++)
7        {
```

```
 8          sum += i;
 9      }
10      printf("% d\n",sum);
11      return 0;
12  }
```

■ 输出:

55

分析:

使用 for 循环将循环变量的初始化、循环条件和控制循环变量的自增或自减放在同一行,这样比 while 循环使用起来更简单。

例 6-13 的执行过程如下:

(1)先执行 i=1。

(2)再执行 i≤=10,假如表达式的值为真,那么执行 for 循环的内嵌语句(循环体),然后执行第(3)步;否则终止 for 循环,执行第(5)步。

(3)执行 i++。

(4)转到第(2)步继续执行。

(5)for 循环结束,执行 for 语句的下一条语句(第 10 行)。

注意:

C90 标准规定,循环变量声明必须在循环语句之前,for 语句小括号中声明和定义循环变量是语法错误。

```
for(int i = 0;i<10;i++)    //由于大部分 C 编译器不能很好地支持 C99 标准,为了程序的通用,
                           //建议遵循 C90 标准
```

应写为:

```
int i;                     //循环变量 i 在 for 循环之前声明
for(i = 0;i<10;i++)        //语法正确
```

? 释疑:

C 语言规定,每对大括号之间为一个域,每个域中可以声明或定义变量。它的作用域就是大括号内。也就是说,在一对大括号中声明或定义的变量。它只能在这对大括号中使用,不能在大括号的外面使用。接下来通过一个案例来演示,具体如例 6-14 所示。

例 6-14

```
1   # include < stdio. h >
2   int main()
3   {
4       int m;
5       for (m = 0;m<5;m++)
6       {
```

```
7            int n = 10;
8            printf(" % d\n",n);
9        }
10       printf(" % d\n",n);
11       printf(" % d\n",m);
12 }
```

输出：

编译程序出现"error C2065：'n'：undeclared identifier"错误信息,超出了 n 的作用域,程序无法执行。

分析：

第 6～9 行：是一对大括号,这对大括号之间为一个域,变量 n 在第 7 行定义,它在这个域中。

第 10 行：试图在域外访问变量 n,遭到了编译器的拒绝。

6.4.1　灵活的 for 循环

for 循环也可以对多个循环变量进行赋值和增减运算。每个赋值表达式和增减表达式之间使用逗号分隔符。接下来通过案例来演示,具体如例 6-15 所示。

例 6-15

```
1    # include < stdio. h>
2    int main()
3    {
4        int i,j,k;
5        for (i = 5,j = 5,k = 5; i > 0;i -- ,j -- ,k -- )
6        {
7            printf("i = % d j = % d k = % d\n",i,j,k);
8        }
9        return 0;
10 }
```

输出：

```
i = 5 j = 5 k = 5
i = 4 j = 4 k = 4
i = 3 j = 3 k = 3
i = 2 j = 2 k = 2
i = 1 j = 1 k = 1
```

分析：

第 5 行对 i、j 和 k 进行了赋值和自减运算,每两个赋值表达式及自减表达式之间用逗号隔开,第 7 行则依次输出 i、j 和 k 的值。

⚠ **注意:**

for 循环的执行部分(循环体)若只有一条语句,可以不加大括号。

6.4.2 表达式为空的 for 循环

在 for 循环中,每个表达式都可以省略,省略不同的表达式会出现不同的效果,省略赋值表达式,为了使程序能正常运行,需要在 for 语句之前给变量赋初值,判断表达式,也就是循环条件表达式始终为真,循环会无休止地进行下去。增减表达式,是为了保证程序的正常结束,需要在循环体中添加操作表达式,实现的效果是一样的。

1. 两个表达式为空的 for 循环

接下来通过一个案例来演示两个表达式为空的 for 循环,具体如例 6-16 所示。

例 6-16

```
1   # include < stdio. h >
2   int main( )
3   {
4       int i = 0, sum = 0;              //将 i 的初始化放在 for 循环之前
5       for ( ; i < = 5; )              //省略 i 的初始化和自加运算
6       {
7           sum += i;
8           i++;                        //在循环体中进行自加运算
9       }
10      printf(" % d\n", sum);
11      return 0;
12  }
```

🖥 **输出:**

15

📄 **分析:**

第 5 行的 for 循环省略了第 1 个和第 3 个表达式,它与下面的 while 循环相同:

```
while( i < = 5);
```

2. 3 个条件为空的 for 循环

for 循环中的任何一个表达式都可以为空,则 3 个可以全部为空。接下来通过一个案例来演示 3 个条件为空的 for 循环,具体如例 6-17 所示。

例 6-17

```
1   # include < stdio. h>
2   int main()
3   {
4       int i = 0, sum = 0;
5       for (; ;)
6       {
7           if (i < = 5)
8           {
9               sum += i;
10              i++;
11          }
12          else
13              break;
14      }
15      printf(" % d\n", sum);
16      return 0;
17  }
```

■ 输出：

15

分析：

第 5 行用两个分号将 for 循环的 3 个表达式都省略，假如去掉第 13 行的 break 语句，则这个循环就形成了一个永久循环。

虽然这个程序看上去有些麻烦，但是在实际开发中很多地方非常需要它。如 switch 语句就可与这样的永久循环结合起来实现一个导航菜单。即 switch 语句配合永久循环，可以做出让用户进行选择的取款菜单，该取款菜单永不停止，直到用户激活某一 case 为止。接下来通过一个案例来演示银行取款功能，具体如例 6-18 所示。

例 6-18

```
1   # include < stdio. h>
2   int main()
3   {
4       int quit  = 1;          //定义变量 quit 并将它的值初始化为 0
5       printf("\n------------- 中国人民银行欢迎您! ---------------- \n");
6       for (;;)
7       {
8           char choice;      //定义字符 choice 来存储用户输入
9           printf("(0) 100 元 (1) 500 元 (2) 1000 元 (3) 2000 元 (q)退卡 \n请输入您要取款的金额: ");
10          scanf(" % c", &choice);
11          getchar();
```

```
12          switch(choice)
13          {
14          case '0':printf("恭喜您取款成功,您已成功取款 100 元!\n");
15            break;
16          case '1':printf("恭喜您取款成功,您已成功取款 500 元!\n");
17            break;
18          case '2':printf("恭喜您取款成功,您已成功取款 1000 元!\n");
19            break;
20          case '3':printf("恭喜您取款成功,您已成功取款 2000 元!\n");
21            break;
22          case 'q':quit = 2;          //输入 q 则将 quit 的值改变为 2,然后跳出 switch
23            break;
24          default:printf("您输入的取款金额有误,请您重新输入.\n");
25            }
26        if (quit == 2)                //假如 quit 为 2,那么跳出永久循环 for(;;)
27            break;
28      }
29    printf("请取回您的银行卡!\n");
30    return 0;
31 }
```

输出:

分析:

　　第 4 行定义变量 quit 并将它的值初始化为 1,第 6～28 行是一个永久循环,第 12～25 行是一段 switch 条件判断语句。第 9 行则是一个选择菜单,由于该循环会永不休止地执行,因此每次执行完 switch 语句后都要返回到选择菜单。

　　为了让用户选择某个操作后程序结束,在第 22 行加入一条 case 语句,该 case 语句将变量 quit 的值改为 2,第 26 行对 quit 的值进行判断,假如 quit 的值等于 2,就退出永久循环 for(;;)。

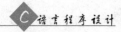

6.4.3 嵌套的 for 循环

许多情况下一层循环不能解决实际的问题,这时就需要用多层循环嵌套。嵌套就是一个循环中包含另一个循环,外面的循环每执行一次,里面的循环都要完整地执行一次。

无论是 for 循环,while 循环还是 do…while 循环,它们的内部都是可以嵌套新的循环的。最常见的例子就是多重 for 循环。接下来通过一个案例来演示嵌套 for 循环,具体如例 6-19 所示。

例 6-19

```
1   #include <stdio.h>
2   int main()
3   {
4       int i,j;
5       for(i = 0;i < 5;i++)
6       {
7           for(j = 0;j < 5 - i;j++)
8           {
9               printf(" * ",i + j);
10          }
11          printf("\n");
12      }
13      return 0;
14  }
```

输出:

```
* * * * *
* * * *
* * *
* *
*
```

分析:

第 4 行:定义了变量 i 和 j,用来保存当前行数和当前列数。

第 5～12 行:外层循环。每执行一次外层循环,将 i 的值加 1,直到 i 的值等于 5 为止。由于 i 的初始值为 0,而 i 等于 5 时外层循环不再执行,因此外层循环执行了 5 次,第 6～9 行是外层循环的执行部分。

第 7～10 行:内层循环。每执行一次内存循环将 j 的值加 1,直到 j 的值不再小于 5－i 为止,由于 i 的初始值为 0,而 j 等于 5－i 时内层循环不再执行,因此内层循环一共执行 5－i 次。当满足内层循环条件,该语句输出一个星号和一个空格。

6.4.4 多重 for 循环

可利用嵌套的 for 循环来输出九九乘法表,接下来通过一个案例来具体演示,具体如例 6-20 所示。

例 6-20

```
1    #include<stdio.h>
2    int main()
3    {
4        int i,j;                  //定义行和列
5        for (i=1;i<10;i++)        //外层循环
6        {
7            for (j=1;j<=i;j++)    //内层循环
8            {
9                printf("%d*%d=%d\t",j,i,i*j);
10           }
11           printf("\n");         //内层循环执行完毕执行该语句
12       }
13       return 0;
14   }
```

输出：

```
1*1=1
1*2=2   2*2=4
1*3=3   2*3=6    3*3=9
1*4=4   2*4=8    3*4=12   4*4=16
1*5=5   2*5=10   3*5=15   4*5=20   5*5=25
1*6=6   2*6=12   3*6=18   4*6=24   5*6=30   6*6=36
1*7=7   2*7=14   3*7=21   4*7=28   5*7=35   6*7=42   7*7=49
1*8=8   2*8=16   3*8=24   4*8=32   5*8=40   6*8=48   7*8=56   8*8=64
1*9=1   2*9=18   3*9=27   4*9=36   5*9=45   6*9=54   7*9=63   8*9=72   9*9=81
```

分析：

例 6-20 中，i 为外层循环的控制变量，j 为内层循环的控制变量。当 i 为 1 时，符合外层 for 循环的判断条件（i<10），进入内层 for 循环主体，由于是第一次进入内层循环，所以 j 的初值为 1，符合内层 for 循环的判断条件（j<=i），进入循环主体，输出 i×j 的值（1×1=1），j 再加 1 等于 2，不再符合内层 for 循环的判断条件（j<=i），离开内层 for 循环，回到外层循环。接着 i 会自加等于 2，符合外层 for 循环的判断条件，继续执行内层 for 循环主体，直到 i 的值不小于 10 时，结束嵌套循环。

当 i 为 1 时，内层循环会执行 1 次；当 i 为 2 时，内层循环会执行 2 次，以此类推，当 i 为 9 时（1+2+3+4+…+9=45），可发现这个程序共执行 45 次内层循环，而显示器上也正好输出 45 个式子。

6.5　本章小结

通过本章的学习，能够掌握 C 语言循环语句的使用，重点要了解的是当实际开发中遇到无条件跳转到某条语句执行时，可以用 goto 语句；在使用循环时，若不能确定执行

的次数,可以用 while 语句;确定至少能执行一次,就要用 do…while 语句;当需要重复执行某些语句,并且能够确定执行的次数,就用 for 语句。另外,continue 语句可以结束当前循环,并从循环的开始处继续判断是否执行下次循环,break 语句会使循环直接结束,而 exit 函数可使整个程序提前结束。

6.6 习　题

1. 填空题

(1) _____语句,只能用在循环中,以中断某次循环,继续下一次循环。

(2) 循环语句"for(i=−1;i<7;i++)printf(" ***** ");"的循环次数是_____。

(3) _____语句用在循环体中,可结束本层循环。

(4) break 语句只能用于_____语句和_____语句中。

(5) while 循环结构中,当表达式为_____时执行循环体;循环体如果包含一个以上的语句,应该用_____括起来。

2. 选择题

(1) 以下描述正确的是(　　)。
A. continue 语句的作用是结束整个循环的执行
B. 只能在循环体内和 switch 语句体内使用 break 语句
C. 在循环体内使用 break 语句或 continue 语句的作用相同
D. 从多层循环嵌套中退出时,只能使用 goto 语句

(2) 执行语句 for(i=1;i++<4;)后,变量 i 的值是(　　)。
A. 3　　　　　　　　　　B. 4
C. 5　　　　　　　　　　D. 不定

(3) 设有程序段"int k=10; while(k=0) k=k−1;",则下面描述正确的是(　　)。
A. while 循环执行 10 次　　　B. 循环是无限循环
C. 循环体语句一次也不执行　　D. 循环体语句执行一次

(4) 语句"while (!e);"中的条件!e 等价于(　　)。
A. e==0　　　　　　　　B. e!=0
C. e!=1　　　　　　　　D. ～e

(5) 设 i 为整型量,执行循环语句"for(i=50;i>=0;i−=10);"后,i 值为(　　)。
A. −10　　　　　　　　B. 0
C. 10　　　　　　　　　D. 50

3. 思考题

(1) for、while 和 do…while 语句有何异同?

(2) 请简述 continue 语句和 break 语句的功能和区别。

（3）请简述 exit 函数的功能和用法。

（4）请简述 goto 语句的功能和用法。

（5）如何限定 while 循环的循环次数？

4. 编程题

（1）编程打印出所有的"水仙花数"。所谓水仙花数，是指一个 3 位数，其各位数字的立方之和等于该数。

（2）一张 10 元票面的纸钞兑换成 1 元、2 元或 5 元的票面，问共有多少种不同的兑换方法？

chapter 7

数 组

本章学习目标

- 熟练掌握一维数组的定义、初始化及赋值
- 熟练掌握排序算法
- 熟练掌握二维数组的定义、初始化及赋值
- 了解高维数组

当在开发过程中遇到需要定义多个相同类型的变量时,那么使用数组将会是一个很好的选择。

7.1 数组的用法

假如要存储 80 名学生的成绩,在没有数组之前,就需要定义 80 个变量,如:

```
int i,i1,i2,i3,…,i80;
```

很明显这个定义的过程相当琐碎,耗费时间与精力,于是 C 语言提供了数组来存储相同类型的数据。现在要存储 80 名学生的成绩,只需一个数组就可以了:

```
int i[80];
```

7.1.1 数组的定义

在 C 语言中使用变量必须先进行定义,数组也不例外,下面介绍如何定义一个数组,其语法格式如下:

```
数据类型 数组名[常量表达式]
```

其中,数据类型可以是任一种基本数据类型或构造数据类型。数组名是用户定义的数组标识符。中括号中的常量表达式表示数据元素的个数,也称为数组的长度。示例代码如下:

```
int i[10];
```

其中 i 是数组的名字，"[ ]"表示是一维数组，中括号中的 10 表示可容纳 10 个变量，而 int 则代表变量的类型为整型。

定义不同类型的数组，具体示例如下：

```
int a[10];              //数组名 a，有 10 个 int 型数据元素
char name[20];          //数组名 name，有 20 个 char 型数据元素
float array['A'];       //数组名为 array，有 65 个 float 型数据元素
long new[b];            //错误定义，中括号中只能是常量表达式
```

7.1.2　数组的元素

数组中的每一个数据称为数组元素或数组分量，它是组成数组的基本单元。一个数组元素就是一个相对独立的变量，为了区分并访问数组中的元素，可以通过指定数组名称和元素的位置（也称下标）来唯一确定要访问的那个元素，其语法格式如下：

```
数组名[下标]
```

其中下标只能为整型常量或整型表达式。它永远从 0 开始计数，假如数组的大小为 N，那么最大的下标就是 N−1。从下标为 0 的元素到下标为 N−1 的元素正好有 N 个，说明这个数组的大小就是 N。

注意，在数组概念中数组的有序指的是数组元素存储的有序性，而不是数组元素值有序。在后面学习指针时，利用数组有序性可以很方便地处理一些问题。

数组的遍历是指依次访问数组中的每个元素。接下来通过循环演示遍历数组的方法，具体如例 7-1 所示。

例 7-1

```
1    # include < stdio. h >
2    int main()
3    {
4        int array[5];
5        int i;
6        for (i = 0; i < 5; i++)
7        {
8            array[i] = i + 1;
9        }
10       for (i = 0; i < 5; i++)
11       {
12           printf(" % d ", array[i]);
13       }
14       return 0;
15   }
```

■ 输出：

```
1 2 3 4 5
```

📄 分析：

第 4 行：定义了一个数组 array，它有 5 个元素，每个元素的数据类型为 int 型。

第 5 行：定义了一个循环变量 i。

第 6～9 行：for 循环从 i = 0 开始，到 i = 4 结束，因此这个循环共执行 5 次，每执行一次，将 i + 1 的值赋给数组元素 array[i]。执行完后，数组 array 中的 5 个元素 array[0]、array[1]、array[2]、array[3]、array[4] 的值分别为 1、2、3、4、5。

第 10～13 行：将数组中的 5 个元素通过 for 循环依次输出到屏幕上。

⚠ 注意：

在定义数组时，程序员会指定数组的大小，但出于性能考虑，C 语言编译器不会检查每次访问数组时使用的下标是否都在允许的范围内，当使用大于最大下标的下标访问数组元素时，就会越界，将访问到数组以外的内存空间，那段内存的数据是未知，可能产生严重错误，因此，程序员必须保证数组边界的正确性。

7.1.3　倒序存放数据

输入 5 个整数，将其倒序存放到数组中，并将结果输出到屏幕上。具体如例 7-2 所示。

例 7-2

```
1   #include <stdio.h>
2   int main()
3   {
4       int array[5], i;
5       printf("请输入 5 个整数: \n");
6       for (i = 4; i >= 0; i--)
7       {
8           scanf("%d", &array[i]);
9       }
10      printf("倒序输出 5 个整数: \n");
11      for (i = 0; i < 5; i++)
12      {
13          printf("%d ", array[i]);
14      }
15      return 0;
16  }
```

⌨ 输入：

```
请输入 5 个整数:
1 2 3 4 5
```

■ 输出：

```
倒序输出 5 个整数：
5 4 3 2 1
```

分析：

第 6～9 行：for 循环一共执行 5 次，每执行一次，将输入的整数保存到 array[i] 中，然后将 i 的值减 1，最终，array 数组的 5 个元素 array[0]、array[1]、array[2]、array[3]、array[4] 的值分别为 5、4、3、2、1。

第 11～14 行：通过 for 循环依次输出数组 array 的 5 个元素，从输出结果可以看出，这 5 个整数是倒序存放的。

7.1.4　将数组的长度定义为常量

对于事先难以确定数组元素个数或为使元素个数具有通用性，可用符号常量指定数组大小。具体如例 7-3 所示。

例 7-3

```
1    # include < stdio. h>
2    # define NUM 5
3    int main()
4    {
5        int array[NUM], i;
6        printf("请输入 % d 个整数: \n", NUM);
7        for (i = NUM − 1; i >= 0; i−−)
8        {
9            scanf(" % d", &array[i]);
10       }
11       printf("倒序输出 % d 个整数: \n", NUM);
12       for (i = 0; i < NUM; i++)
13       {
14           printf(" % d", array[i]);
15       }
16       return 0;
17   }
```

⌨ 输入：

```
请输入 5 个整数：
1 2 3 4 5
```

■ 输出：

```
倒序输出 5 个整数：
5 4 3 2 1
```

📑 分析：

第 2 行：定义了一个符号常量 NUM，接下来的代码中用它来代替数组 array 的长度，当需要修改数组长度时，只需修改 NUM 的值即可。

7.1.5　数组的初始化

数组的初始化是指在定义数组时进行数组元素赋值，其初始化的语法格式如下：

```
数据类型 数组名[数组元素个数] = {值 1,值 2, …,值 n};
```

（1）对数组全部元素赋初值，示例代码如下：

```
int a[4] = {1, 2, 3, 4};
```

在定义数组的同时将常量 1、2、3、4 分别置于数组元素 a[0]、a[1]、a[2]、a[3]中，还可以写成"int a[] = {1, 2, 3, 4};"。特殊情况是，全部元素都为 0，可以写成"int a[4] = {0};"，等价于"int a[4] = {0, 0, 0, 0};"，但全部元素都为 1，不能写成"int a[4] = {1};"。

（2）对数组部分元素赋初值，其他数组元素默认赋 0 值，示例代码如下：

```
int a[4] = {1, 2};
```

执行后数组中各元素的初值为 a[0] = 1, a[1] = 2, a[2] = 0, a[3] = 0。

7.1.6　数组的存储方式

C 语言中的变量都是存放在内存中的。下面的语句定义了三个整型变量，并为它们赋了初值：

```
int a = 0;
int b = 1;
int c = 2;
```

同样，可以用数组完成相同的工作：

```
int array[3] = {0, 1, 2};
```

接下来演示这两种定义的存储方式，如图 7.1 所示。

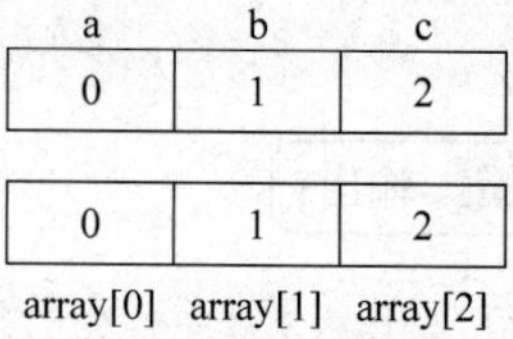

对计算机而言，这两种定义方式是一样的：数据都是以整型变量的形式存放在内存里，每个变量（对于数组 array 而言，则是每个元素）的大小为 4 字节。一般而言，连续定义的同类型变量会被存储在内存中相邻的位置（不考虑编译器的优化等

a	b	c
0	1	2

0	1	2
array[0]	array[1]	array[2]

图 7.1　数组的存储方式

特殊情况),而数组也会占据内存中连续的位置。

对于数组 array 而言,编译器知道 array 数组的起始地址和数组中每个元素的大小(因为 array 为整型数组,所以每个元素的大小为 4 字节),array[2]相当于告诉计算机访问从 array 数组起始地址处向后偏移两个整型变量大小的位置,并将其也看作整型变量。因此数组的功能就是分配固定大小的一块连续存储空间,其存储空间大小等于 sizeof(数组类型)×数组元素个数,array 数组的存储空间大小可以表示为 sizeof(int)×3 = 12。

7.2 数组的实例

经过前面的学习,大家对一维数组概念本身有了一定了解,一维数组与一维模型相对应,例如数轴,每个坐标点对应一个数值,与一维数组中每个下标对应一个元素类似。因此,实际生活中可以抽象为一维模型的,都可以用一维数组来表示。本节将介绍几个常用的实例。

7.2.1 求平均值

「实例说明」

本实例要求输入 8 名学生的 C 语言成绩并求出平均值。

「实例分析」

8 名学生的 C 语言成绩可以用一个数组来存储,再定义两个变量用来存放 8 名学生的总成绩和平均分。通过遍历数组累加每个元素的值求得总成绩,再除以数组元素个数就可以得到平均分。

「实现代码」

具体如例 7-4 所示。

例 7-4

```
1    #include <stdio.h>
2    #define NUM 8                          //定义符号常量,便于修改
3    int main()
4    {
5        float score[NUM];                  //数组 score 保存每名学生成绩
6        float sum = 0, ave = 0;            //sum 总成绩,ave 平均成绩
7        int i;                             //i 循环变量
8        printf("输入%d名学生的C语言成绩\n", NUM);
9        for (i = 0; i < NUM; i++)
10       {
11           printf("请输入第%d名学生C语言成绩: ", i + 1);
12           scanf("%f", &score[i]);
13           sum += score[i];
14       }
15       ave = sum / NUM;                   //求出平均成绩
```

```
16    printf("%d 名学生 C 语言平均成绩: %.2f\n", NUM, ave);
17    return 0;
18 }
```

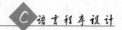 输入:

输入 8 名学生的 C 语言成绩
请输入第 1 名学生 C 语言成绩: 90
请输入第 2 名学生 C 语言成绩: 80.6
请输入第 3 名学生 C 语言成绩: 89.6
请输入第 4 名学生 C 语言成绩: 76.4
请输入第 5 名学生 C 语言成绩: 88.5
请输入第 6 名学生 C 语言成绩: 68.2
请输入第 7 名学生 C 语言成绩: 98
请输入第 8 名学生 C 语言成绩: 100

输出:

8 名学生 C 语言平均成绩: 86.41

分析:

第 9～14 行: 通过 for 循环每次将键盘输入的每名学生成绩存储到 score[i]中并进行累加赋值给 sum。

第 15 行: 通过总成绩除以数组长度得到平均分。

7.2.2 查找最大数与最小数

「实例说明」
本实例要求从键盘输入 8 名学生 C 语言成绩,找出最高分和最低分并输出到屏幕。

「实例分析」
8 名学生的 C 语言成绩可以用一个数组来存储,再定义两个变量用来存放 8 名学生成绩的最大值与最小值。通过遍历数组,得到最大值与最小值。

「实现代码」
具体如例 7-5 所示。

例 7-5

```
1    #include <stdio.h>
2    #define NUM 8
3    int main()
4    {
5        float score[8];
6        float max = 0, min = 0;
7        int i;
8        printf("请输入 8 名学生 C 语言成绩:\n");
```

```
9         for (i = 0; i < NUM; i++)
10        {
11            scanf(" % f", &score[i]);              //输入 8 个浮点型的学生的成绩
12        }
13        max = min = score[0];                     //假设比较前最大值与最小值都为 a[0]
14        for(i = 1; i < NUM; i++)                   //循环比较,找出最高分和最低分
15        {
16            if(max < score[i])                    //如果 max 小于 score[i]
17            {
18                max = score[i];                   //把 score[i]赋值给 max
19            }
20            if(min > score[i])                    //如果 min 小于 score[i]
21            {
22                min = score[i];                   //把 score[i]赋值给 min
23            }
24        }
25        printf("最高分是: % .2f\n", max);           //输出最高分
26        printf("最低分是: % .2f\n", min);           //输出最低分
27        return 0;
28    }
```

⌨ 输入:

请输入 8 名学生 C 语言成绩:
78 98 67.8 99.5 80.5 85 90 92.6

🖥 输出:

最高分是: 99.50
最低分是: 67.80

🔍 分析:

第 13 行:假设比较前最大值与最小值都为数组中的第一个元素。

第 14～24 行:循环从 i = 1 开始,如果 max 小于 score[i],就把 score[i]赋值给
max;如果 min 大于 score[i],就把 score[i]赋值给 min。循环完后,max 中就是最大值,
min 中就是最小值。

7.2.3 斐波那契数列

「实例说明」

兔子在出生两个月后,就有繁殖能力,一对兔子每个月能生出一对小兔子,并且如果
所有兔子都不死,求一年以后可以繁殖的兔子对数。

[实例分析]

假设以新出生的一对小兔子分析：

第一个月小兔子没有繁殖能力，因此还是一对；

两个月后，生下一对小兔子，总共有两对兔子；

三个月后，老兔子又生下一对，因为小兔子还没有繁殖能力，所以总共是三对兔子；

以此类推，可以得到表 7.1。

表 7.1 兔子数列表

月份	1	2	3	4	5	6	7	8	9	10	11	12
对数	1	1	2	3	5	8	13	21	34	55	89	144

这样的一个数列 1、1、2、3、5、8、13、21、…就称为斐波那契数列或兔子数列。它从第三项开始，每一项都等于前两项之和。

本例中可以用数组 rab[12]来存储每个月对应的兔子对数，其中 rab[0] = rab[1] = 1，随后的元素可以表示为 rab[i] = rab[i − 1] + rab[i − 2]，rab[11]就是所求的值。

[实现代码]

具体如例 7-6 所示。

例 7-6

```
1   # include <stdio.h>
2   int main()
3   {
4       int i, rab[12] = {1, 1};              //数组初始化,循环变量控制数组下标
5       for(i = 2; i < 12; i++)               //递推计算数列的每个数据
6       {
7           rab[i] = rab[i − 1] + rab[i − 2];
8       }
9       printf("一年后兔子对数为 % d", rab[11]);   //输出数据
10      return 0;
11  }
```

■ 输出：

一年后兔子对数为 144

■ 分析：

第 4 行：用数组 rab[12]来存储每个月对应的兔子对数，第一个月与第二个月的兔子对数为 1，因此，在初始化数组时，可以给数组这两个元素赋初值。

第 7 行：从第三月开始，每月的兔子数等于前两月兔子对数之和，因此，兔子对数可以表示为 rab[i] = rab[i−1]+rab[i−2]。

第 9 行：rab[11]就是一年以后可以繁殖的兔子对数。

7.3　排 序 算 法

日常生活中经常需要用到排序,如网上购物按价格排序、学生成绩排序等。排序通过调整位置,把杂乱无章的数据变成有序数据。当有大量数据需要进行排序时,如果没有一种好的排序算法,那么计算机将浪费许多时间在排序上,从而影响计算机效率。本节将详细讲解三种典型的排序算法,它们都是通过数组来实现的。

7.3.1　冒泡排序

「实例说明」

本实例要求从键盘随意输入 5 个整数,采用冒泡排序将它们由小到大排序。

「实例分析」

冒泡排序和气泡在水中不断上冒的过程类似,气泡大的(大数)在下面,气泡小的(小数)在上面。其基本思想是:对存放原始数据的数组,按从前往后的方向进行扫描,每扫描一遍数组称为一趟,每一趟中从第一个元素起,依次比较相邻的两个元素,将较小的元素调换到前面。具体操作如下:

假设输入的 5 个数为:20　30　12　10　18。

第 1 趟:

第 1 次:20　30　12　10　18

第 2 次:20　12　30　10　18

第 3 次:20　12　10　30　18

第 4 次:20　12　10　18　30

第 2 趟:

第 1 次:12　20　10　18　30

第 2 次:12　10　20　18　30

第 3 次:12　10　18　20　30

第 3 趟:

第 1 次:10　12　18　20　30

第 2 次:10　12　18　20　30

第 4 趟:

第 1 次:10　12　18　20　30

根据以上的排序过程,对 5 个数进行排序,一共进行了 4 趟,第 1 趟中比较了 4 次,第 2 趟中比较了 3 次,第 3 趟中比较了 2 次,第 4 趟中比较了 1 次。

从上可以得出,对 n 个数进行排序,一共要进行 n−1 趟,第 1 趟执行 n−1 次两两比较,第 2 趟执行 n−2 次两两比较,以此类推,第 i 趟执行 n−i 次两两比较。

「实现代码」

具体如例 7-7 所示。

例 7-7

```
1    # include < stdio.h>
2    # define NUM 5
3    int main()
4    {
5        int a[NUM], i, j, t;
6        printf("请输入 % d 个整数: \n",NUM);
7        for (i = 0; i < NUM; i++)
8        {
9            scanf(" % d", &a[i]);                    //保存输入的 5 个整数
10       }
11       for (i = 0; i < NUM - 1; i++)               //执行 4 趟排序
12       {
13           for (j = 0; j < NUM - (i + 1); j++)      //执行 4 - i 次比较
14           {
15               if (a[j] > a[j + 1])                 //若为逆序,则交换
16               {
17                   t = a[j];
18                   a[j] = a[j + 1];
19                   a[j + 1] = t;
20               }
21           }
22       }
23       printf("排序后的数组为: \n");
24       for (i = 0; i < NUM; i++)
25       {
26           printf(" % d ", a[i]);                   //输出排序结果
27       }
28       return 0;
29   }
```

⌨ 输入:

请输入 5 个整数:
20 30 12 10 18

🖥 输出:

排序后的数组为:
10 12 18 20 30

📄 分析:

第 11 行:外层循环的循环头。其中 NUM−1 表示排序的总趟数。

第 13 行:内层循环的循环头。其中 NUM −(i+1)表示每趟两两比较的次数,注意

此处 i 从 0 开始。

第 15～20 行：如果相邻两个元素为逆序，则交换这两个元素，这样每趟结束时，就找出本趟中的最大值，下一趟再从剩余的元素中找最大值。

7.3.2 选择排序

「实例说明」

本实例要求从键盘随意输入 5 个整数，采用选择排序将它们由小到大排序。

「实例分析」

选择排序是在所有无序序列中查找最小的元素，将此元素顺序放在有序序列的最后，即每一趟从无序序列中选出最小的一个元素和无序序列的第一个元素交换，直到全部无序数据元素排完为止。具体操作如下：

假设输入的 5 个数为：20　30　12　10　18。

通过 4 次比较，从 5 个数中找出最小元素并记住它的下标，将它与第 1 个数交换。

第 1 趟：10　30　12　20　18

通过 3 次比较，从剩余的 4 个数中找出最小元素并记住它的下标，将它与第 2 个数交换。

第 2 趟：10　12　30　20　18

通过 2 次比较，从剩余的 3 个数中找出最小元素并记住它的下标，将它与第 3 个数交换。

第 3 趟：10　12　18　20　30

通过 1 次比较，从剩余的 2 个数中找出最小元素并记住它的下标，它的下标所指向的值就是第 4 个数，因此不需要交换。

第 4 趟：10　12　18　20　30

至此完成排序。

「实现代码」

具体如例 7-8 所示。

例 7-8

```
1   # include < stdio.h >
2   # define NUM 5
3   int main()
4   {
5       int a[NUM], i, j, t, k;
6       printf("请输入 % d 个整数: \n",NUM);
7       for (i = 0; i < NUM; i++)
8       {
9           scanf(" % d", &a[i]);              //保存输入的 5 个整数
10      }
11      for (i = 0; i < NUM − 1; i++)          //执行 4 趟排序
12      {
```

```
13            k = i;                    //k 的初始值是无序部分的第一个数的下标
14            for (j = i + 1; j < NUM; j++) //执行 4 - i 次比较
15            {
16                //从无序部分的第 1 个数开始依次往后比较,如果找到一个较小的数
17                if (a[k] > a[j])
18                {
19                    k = j;            //用 k 记录该数的下标
20                }
21            }
22            if (k != i)               //如果 k 值发生了变化,交换最小数与第 i 个数
23            {
24                t = a[k];
25                a[k] = a[i];
26                a[i] = t;
27            }
28        }
29        printf("排序后的数组为:\n");
30        for (i = 0; i < NUM; i++)
31        {
32            printf("% d ", a[i]);   //输出排序结果
33        }
34        return 0;
35    }
```

输入:

请输入 5 个整数:
20 30 12 10 18

输出:

排序后的数组为:
10 12 18 20 30

分析:

第 5 行:数组 a 用来存储输入的数据;变量 i 用来保存排序的趟数,同时作为数组下标;变量 j 用来保存每趟的次数,同时作为数组下标;变量 t 用来交换两个元素值;变量 k 用来保存较小元素的下标。

第 11 行:外层循环的循环头,其中 NUM-1 表示排序的总趟数。

第 14 行:内层循环的循环头。每执行一次外循环即一趟,就会执行 NUM-1-i 次内循环即 NUM-1-i 次比较。每执行完一趟排序后,无序部分就减少了一个元素,也就少进行一次比较,因此,内层循环的循环变量 j 的初始值为 i+1。

第 17~20 行:由于 k 的初始值是无序部分的第 1 个元素的下标,因此该行从无序部

分的第 1 个元素开始依次往后比较，如果第 1 个元素比第 2 个元素大，就将第 2 个元素的下标赋值给 k，接着再比较下标为 k 和 j 的两个元素；如果第 1 个元素比第 2 个元素小，则不执行任何操作，而是将 j 自加，再继续比较下标为 k 和 j 的两个元素，其他以此类推。

第 22～27 行：每执行一趟比较，需要对 k 的值进行判断，如果 k 不等于 i，那么 k 一定保存了无序部分的最小元素的下标，而 i 的值为无序部分的第 1 个元素的下标，将下标 k 与 i 的元素值交换，最小元素就处于原先无序部分的第 1 个元素位置上，而这个位置此时已成为有序部分。

7.3.3 插入排序

「实例说明」
本实例要求从键盘随意输入 5 个整数，采用插入排序将它们由小到大排序。

「实例分析」
插入排序是将序列分为有序序列和无序序列，依次从无序序列中取出元素插入到有序序列的合适位置。初始是有序序列中只有第一个数，其余 n−1 个数组成无序序列，则 n 个数需进行 n−1 趟插入。寻找在有序序列中插入位置可以从有序序列的最后一个数往前找，在未找到插入点之前可以同时向后移动元素，为插入元素准备空间。具体操作如下：

假设输入的 5 个数为：20　30　12　10　18。

将 20 作为有序序列中的第一个数，30、12、10、18 组成无序序列，将 30 插入到有序序列中。

第 1 趟：20　30　12　10　18

20、30 是有序序列，12、10、18 是无序序列，将 12 插入到有序序列中。

第 2 趟：12　20　30　10　18

12、20、30 是有序序列，10、18 是无序序列，将 10 插入到有序序列中。

第 3 趟：10　12　20　30　18

10、12、20、30 是有序序列，18 是无序序列，将 18 插入到有序序列中。

第 4 趟：10　12　18　20　30

至此完成排序。

「实现代码」
具体如例 7-9 所示。

例 7-9

```
1    # include < stdio. h >
2    # define NUM 5
3    int main( )
4    {
5        int a[NUM], i, j, t;
6        printf("请输入 %d 个整数: \n", NUM);
7        for (i = 0; i < NUM; i++)
8        {
```

```
9            scanf("%d", &a[i]);                    //保存输入的5个整数
10       }
11       for (i = 1; i < NUM; i++)                   //执行4趟排序
12       {
13            t = a[i];
14            for (j = i - 1; j >= 0 && a[j] > t; j--)  //寻找插入位置
15            {
16                 a[j + 1] = a[j];                   //未找到,则当前元素后移
17            }
18            a[j + 1] = t;                           //找到,则插入
19       }
20       printf("排序后的数组为: \n");
21       for (i = 0; i < NUM; i++)
22       {
23            printf("%d", a[i]);                     //输出排序结果
24       }
25       return 0;
26  }
```

⌨ 输入:

请输入5个整数:
20 30 12 10 18

▣ 输出:

排序后的数组为:
10 12 18 20 30

▤ 分析:

第 5 行:数组 a 用来存储输入的数据;变量 i 用来保存排序的趟数,同时作为数组下标;变量 j 作为数组下标;变量 t 用来存储待插入的元素。

第 11 行:外层循环的循环头。n 个数从第 2 个数开始到最后共进行 n−1 次插入,因此,本例中 i 从 1 开始,到 NUM−1 结束。

第 14 行:内层循环的循环头。在有序序列(下标 0~i−1)中寻找插入位置。

第 16 行:若未找到插入位置,则当前元素后移一个位置。

第 18 行:找到插入位置,完成插入。

7.4 二 维 数 组

虽然一维数组可以处理一些简单的一维模型,但在实际应用中模型却不止一维,但由一维模型很容易推导出二维模型,最简单的二维模型是一张表格,表 7.2 是某班级 3

门学科成绩表。

表 7.2 成绩表

姓名/科目	C 语言基础	C++基础	Java 基础
张三	95	96	98
李四	80	82	84
王五	76	78	80
…	…	…	…

在这张成绩表中,某个学生某门课程的成绩是由两个变量决定的,分别是姓名和科目。例如张三的 C 语言基础成绩是 95,李四的 C++基础成绩是 82。由行和列构成的表格是生活中最常见的二维模型。

如果想要将成绩表存储到一个二维数组里,只要将行表头和列表头转换成对应的下标即可。由于 C 语言中的数组下标永远是从 0 开始计算的,因此转换后的结果如表 7.3 所示。

表 7.3 转换后的二维数组

下标	0	1	2
0	95	96	98
1	80	82	84
2	76	78	80
…	…	…	…

假设这张转换后的表格与一个名为 array 的数组对应,那么要想访问张三的 C 语言基础成绩,就可以使用 array[0][0] 来表示;要访问王五的 Java 基础成绩,就可以使用 array[2][2] 表示。应注意 array 的后面跟了两个中括号,因此 array 是一个二维数组,要唯一确定一个元素位置,必须提供两个下标。对二维数组有了初步的了解后,接下来学习二维数组的定义及使用方法。

7.4.1 二维数组的定义及初始化

1. 二维数组的定义

二维数组的定义与一维数组类似,其语法格式如下:

数据类型 数组名[常量表达式 1][常量表达式 2]

二维数组的定义方法与一维数组的不同之处在于多了一个下标,"常量表达式 1"声明二维数组第一维的长度,相当于行数;"常量表达式 2"声明二维数组第二维长度,相当于列数。二维数组元素的个数等于行数乘以列数。

假设某班级有 60 名学生,则每名学生 3 门课程成绩可以通过下面的语句来建立一个 60 × 3 的 float 型二维数组:

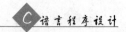

```
float score[60][3];
```

该语句表示定义了一个 60×3 的数组 score，即数组为 60 行 3 列，可存放 180 个 float 型数据。

2. 二维数组的初始化

二维数组的初始化比一维数组的初始化稍微复杂，主要分以下两种情况：

（1）分行初始化。

将同一行的数据用一对大括号括起来，按行对二维数组进行初始化。示例代码如下：

```
int a[2][3] = {{1,2,3}, {4,5,6}};
```

如果某一行所有元素都为 0，可以写成

```
int a[2][3] = {{0}, {4,5,6}};
```

（2）不分行初始化。

将所有数据写在一个大括号内，对二维数组进行初始化。示例代码如下：

```
int a[2][3] = {1, 2, 3, 4, 5, 6};
```

如果所有元素均为 0，可以写成

```
int a[2][3] = {0};
```

注意以下两种写法的区别：

```
int a[2][3] = {1, 2, 3};        //第一行元素为1,2,3,第二行元素为0,0,0
int a[2][3] = {{1}, {2,3}};     //第一行元素为1,0,0,第二行元素为2,3,0
```

对二维数组全部元素赋初值或分行初始化时，第一维的长度可省，但第二维长度不能省略。示例代码如下：

```
int a[ ][3] = {1, 2, 3, 4, 5, 6};
int a[ ][3] = {{1}, {2,3}};
```

3. 二维数组元素的访问

在本节开始处，确定某个学生某门课程的成绩，需要两个变量，对应到二维数组就是行下标和列下标。访问二维数组元素的一般形式为：

```
数组名[下标1][下标2]
```

"下标1"称为第一维下标,把所有第一维下标相同的元素称为行;"下标2"称为第二维下标,把所有第二维下标相同的元素称为列。例如,"int a[2][3]={1,2,3,4,5,6};",通过 a[0][0]可以访问到1,通过 a[1][2]可以访问到6。访问二维数组时,同样也需要注意下标越界问题。

7.4.2　打印杨辉三角形

「实例说明」

本实例要求用二维数组实现输出杨辉三角,如图7.2所示。

```
            1
          1   1
        1   2   1
      1   3   3   1
    1   4   6   4   1
  1   5   10   10   5   1
1   6   15   20   15   6   1
1   7   21   35   35   21   7   1
1   8   28   56   70   56   28   8   1
```

图 7.2　杨辉三角形式一

「实例分析」

图7.2列出了杨辉三角形的前9行,从图中可以得出:每一层左右两端的数都是1并且左右对称;从第3层开始,每个不位于左右两端的数等于上一层左右两个数相加之和。

如果将图7.2中的等腰三角形转化为直角三角形,则如图7.3所示。

```
1
1   1
1   2   1
1   3   3   1
1   4   6   4   1
1   5   10   10   5   1
1   6   15   20   15   6   1
1   7   21   35   35   21   7   1
1   8   28   56   70   56   28   8   1
```

图 7.3　杨辉三角形式二

图7.3中的杨辉三角形可以看成一个二维模型,即一张表格,因此可以用二维数组 array[9][9]来存储杨辉三角形中的所有数字,如第3行第2列的数字可以用 a[2][1]表示,第4行第3列的数字可以用 a[3][2]表示。在图7.3中,第1列的数字都为1,即 a[i][0] = 1;行数等于列数的数字也为1,即 a[i][i] = 1;剩余数字可以通过左上方数字加上正上方数字得到,即 array[i][j] = array[i − 1][j − 1] + array[i − 1][j]。

至此，杨辉三角里的数字就可以存放到二维数组里，最后通过控制间距可以输出等腰杨辉三角形。具体如例 7-10 所示。

例 7-10

```c
1   # include < stdio. h >
2   # define NUM 9
3   int main()
4   {
5       int array[NUM][NUM];
6       int i, j;
7       for (i = 0; i < NUM; i++)                        //生成杨辉三角形
8       {
9           for (j = 0; j < i + 1; j++)
10          {
11              if (j == 0 || j == i)
12              {
13                  array[i][j] = 1;                      //每一层最左边或最右边的元素
14              }
15              else
16              {
17                  //其他元素
18                  array[i][j] = array[i - 1][j - 1] + array[i - 1][j];
19              }
20          }
21      }
22      for (i = 0; i < NUM; i++)                        //输出杨辉三角形
23      {
24          //输出第一个元素，左边要留出足够的空格
25          printf(" % * d", 18 - i * 2, array[i][0]);
26          for (j = 1; j < i + 1; j++)
27          {
28              printf(" % 4d", array[i][j]);            //输出其他元素
29          }
30          printf("\n");
31      }
32      return 0;
33  }
```

■ 输出：

```
                1
              1   1
            1   2   1
          1   3   3   1
        1   4   6   4   1
      1   5  10  10   5   1
    1   6  15  20  15   6   1
  1   7  21  35  35  21   7   1
1   8  28  56  70  56  28   8   1
```

分析：

第 5 行：定义一个 array 数组，用它来存储杨辉三角形各行各列上的数字。由于杨辉三角形的行和列是相等的，因此可以用 NUM 来代替。

第 7 行：外层循环控制行数，共执行 NUM 次。

第 9 行：内层循环控制列数，从每行第一列开始（j = 0），到列数等于行数 j<i+1 为止，执行的次数为当前的行数。

第 11～19 行：由于杨辉三角形两边上数字为 1，因此当列数为 1（j = = 0）或当前列为该行最后一列（j = = i）时，数组中的元素赋值为 1；否则，其他元素值 array[i][j] 赋值为 array[i−1][j−1] + array[i−1][j]。

第 25 行：% * d 表示 printf 函数将使用一个可变的字段宽度，该字段宽度由第 2 个参数指定，即用 18−i * 2 代替 * 。例如"printf("% * d", 18−i * 2, array[i][0]);"，假设 i = 1，则 18−i * 2 为 16，array[1][0] 为 1，即将 1 输出到屏幕上，占用 16 个字符的显示空间，由于 1 实际只占用一个字符的显示空间，因此前 15 个字符都是用空格来填补。

7.5 高维数组

介绍完一维数组和二维数后，读者可以类似写出高维数组的定义。但由于高维数组不易于想象、难以调试且较占用内存，在实际开发中很少用到，因此本节只简单介绍高维数组的定义及使用方法。

高维数组的定义与二维数组类似，其语法格式如下：

数据类型 数组名[常量表达式 1][常量表达式 2]…[常量表达式 n]

定义一个三维数组的示例代码如下：

int a[2][3][4];

上面的这条语句定义了一个三维数组，这个三维数组可以理解为包含了两个二维数组，每个二维数组又包含三个一维数组，每个一维数组又包含四个 int 型变量。

接下来通过一个案例演示三维数组的初始化、赋值和访问，具体如例 7-11 所示。

例 7-11

```
1   # include < stdio. h>
2   int main()
3   {
4       int a[2][3][4] = {{{1, 2, 3, 4}, {1, 2, 3, 4}, {1, 2, 3, 4}},
5                        {{1, 2, 3, 4}, {1, 2, 3, 4}, {1, 2, 3, 4}}};
6       int i, j, k, index = 1;
7       for (i = 0; i < 2; i++)
8       {
9           for (j = 0; j < 3; j++)
```

```
10        {
11            for (k = 0; k < 4; k++)
12            {
13                a[i][j][k] = index++;
14            }
15        }
16    }
17    for (i = 0; i < 2; ++i)
18    {
19        for (j = 0; j < 3; ++j)
20        {
21            for (k = 0; k < 4; ++k)
22            {
23                printf("a[%d][%d][%d] = %2d ", i, j, k, a[i][j][k]);
24            }
25        printf("\n");
26        }
27    printf("\n");
28    }
29    return 0;
30 }
```

输出：

```
a[0][0][0] = 1 a[0][0][1] = 2 a[0][0][2] = 3 a[0][0][3] = 4
a[0][1][0] = 5 a[0][1][1] = 6 a[0][1][2] = 7 a[0][1][3] = 8
a[0][2][0] = 9 a[0][2][1] = 10 a[0][2][2] = 11 a[0][2][3] = 12

a[1][0][0] = 13 a[1][0][1] = 14 a[1][0][2] = 15 a[1][0][3] = 16
a[1][1][0] = 17 a[1][1][1] = 18 a[1][1][2] = 19 a[1][1][3] = 20
a[1][2][0] = 21 a[1][2][1] = 22 a[1][2][2] = 23 a[1][2][3] = 24
```

分析：

第 4～5 行：对三维数组进行初始化。

第 7～16 行：通过 3 层 for 循环为三维数组的每个元素进行赋值。

第 17～28 行：通过 3 层 for 循环打印出三维数组中的每个元素。

7.6 本 章 小 结

通过本章的学习，能够掌握 C 语言数组的使用，重点要熟悉的是三种排序算法，理解数组在内存中的存储，为今后学习指针打下良好基础，数组与指针在 C 语言中是密不可分的。

7.7 习　　题

1. 填空题

(1) 在 C 语言中,二维数组在内存中的存放顺序是_____。

(2) 若有定义"int a[3][5];",则 a 数组中行下标的上限为_____,列下标的上限为_____。

(3) 若有定义"int a[3][3]={{1,2},{3},{3,5,7}};",则初始化后,a[1][2]得到的初值是_____,a[2][1]得到的初值是_____。

(4) 若有定义"a[][3]={0,1,2,3,4,5,6,7};",则 a 数组中行的大小是_____。

(5) 假定一个 int 型变量占用两个字节,若有定义"int x[10]={0,2,4};",则数组 x 在内存中所占字节数是_____。

2. 选择题

(1) 假定 int 类型变量占用两个字节,有定义"int x[10]={0,2,4};",则数组 x 在内存中所占字节数是(　　)。

    A. 6   B. 10

    C. 3   D. 20

(2) 若有定义"int a[10];",则对数组 a 元素正确访问的是(　　)。

    A. a[10]   B. a[3.5]

    C. a(5)   D. a[10-10]

(3) 若二维数组 a 有 4 行 5 列,则在 a[3][4]前的元素个数为(　　)。

    A. 18   B. 20

    C. 19   D. 21

(4) 若有说明"int a[3][4];",则对 a 数组元素的正确引用是(　　)。

    A. a[2][4]   B. a[1,3]

    C. a[1+1][0]   D. a(2)(1)

(5) 在 C 语言中,引用数组元素时,其数组下标的数据类型是(　　)。

    A. 整型常量   B. 整型表达式

    C. 整型常量或常量表达式   D. 任何类型的表达式

3. 思考题

(1) 如何定义数组及访问其中元素?

(2) 定义一维数组时"[]"内数据的含义是什么?

(3) 定义二维数组时是否可以省略第一维长度?

(4) 程序中定义数组类型应注意哪几点?

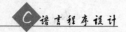

4. 编程题

（1）某演讲比赛共有 10 位评委，每位评委对每个参赛选手打分，每位选手的得分为去掉最高分与最低分后的平均分。试编程从键盘输入每位评委的打分，计算出某位选手的成绩。

（2）编程实现杨辉三角输出（打印 12 行）。

第 8 章

chapter 8

指　针

本章学习目标
- 理解指针的概念
- 熟练掌握指针的运算
- 熟练掌握指针与数组
- 掌握 const 与指针
- 掌握 void 指针

C 语言的自由性很大部分体现在其灵活的指针运用上,指针可以使 C 语言程序的设计具有灵活、实用、高效的特点。指针也被称作是 C 语言的灵魂,运用得好更是事半功倍,可以让大家写出的程序更简洁。

8.1　内存和地址

前面提到过,变量其实就是用来放置数值等内容的"盒子",每个盒子都可以容纳数据,并通过一个编号来标识。盒子也有自己的地址,计算机要找到某个盒子,必须知道该盒子的地址。

计算机的内存是以字节为单位的一段连续的存储空间,每个字节单元都有一个唯一的编号,这个编号就称为内存的地址。接下来用一张图来展示机器中的一些内存位置,如图 8.1 所示。

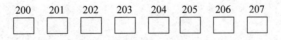

图 8.1　机器中的内存位置

图 8.1 中每个盒子的存储类型为字节,每个字节都包含了存储一个字符所需的位数。在许多现代的机器上,每个字节包含 8 个位,可以存储无符号值 0～255,或有符号值−128～127。图 8.1 中并没有显示这些位置的内容,但内存中的每个位置总是包含一些值。每个字节通过地址来标识,如图 8.1 中方框上面的数字所示。

为了存储更大的值,可以把两个或更多个字节合在一起作为一个更大的内存单元。

例如,许多机器以字为单位存储整数,每个字一般由 2 个或 4 个字节组成。接下来用一张图来表示 4 个字节的内存位置,如图 8.2 所示。

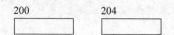

图 8.2　机器中 4 字节的内存位置

举一个例子,这次盒子里显示了内存中 4 个整数的内容,如图 8.3 所示。

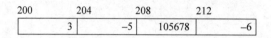

图 8.3　内存中存放了 4 个整数

这里显示了 4 个整数,每个整数都位于对应的盒子中。如果大家记住了一个值的存储地址,那么以后可以根据这个地址取得这个值。

但是,要记住所有这些地址实在太烦琐了,因此高级语言所提供的特性之一就是通过名字而不是地址来访问内存的位置。接下来使用名字来代替地址,如图 8.4 所示。

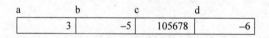

图 8.4　用变量来存储整数

当然,这些名字就是变量。有一点非常重要,必须记住,名字与内存位置之间的关联并不是硬件所提供的,它是由编译器为人们所实现的。所有这些变量正是为了人们而提供的一种更方便的方法用来记住地址——硬件仍然通过地址访问内存位置。在 C 语言中可以通过取地址运算符 & 来获取系统将某种数据存放在内存中的位置。具体如例 8-1 所示。

例 8-1

```
1    #include <stdio.h>
2    int main()
3    {
4        int a = 4;
5        printf("变量 a 的地址: %p.",&a);
6        return 0;
7    }
```

输出:

变量 a 的地址: 0028FF1C.

分析:

第 5 行:通过取地址运算符 & 来获取变量 a 的地址,然后通过 printf 函数将其输出到屏幕上。%p 表示以十六进制形式输出地址。这个地址并不是始终不变的,它是由机器和操作系统来决定的,无法预先知道。

8.2 指针变量的定义

先举个例子,有个 A 盒子,打开 A 盒子有如下两种方法:第一种方法将 A 钥匙带在身上,需要时直接打开(直接访问);第二种方法将 A 钥匙放在 B 盒子,需要时,打开 B 盒子取出 A 钥匙,再打开 A 盒子(间接访问)。

如果把盒子类比为内存,钥匙类比为内存地址,这时就可以把 B 盒子称为指针,即存放内存地址的变量称为"指针变量"。它与普通变量一样占用一定的存储空间,但它所包含的数值内存将会被解释成一个地址。这个地址可以看作是一个指示方向,它能够告诉程序在内存的哪个位置可以找到对应的数据。

从标准意义来讲,指针是指内存地址,同时也指代一种数据类型。而指针变量是指针类型的变量,它存放的内容是指针(某个内存地址)。虽然经常把指针变量简称为指针,但读者应该明确知道"指针"是地址,是一个常量;"指针变量"是存储着地址的指针类型的变量。指针变量的定义是使用一个特殊的符号 * 来区别的,具体语法格式如下:

```
数据类型 * 指针变量名;
```

具体示例如下:

```
int * p1, * p2;        // 定义了指向整型变量的指针变量 p1,p2
char * p,c;            // 定义了字符型变量 c 及指向字符型变量的指针变量 p
```

接下来通过一个案例来说明指针变量的定义,具体如例 8-2 所示。

例 8-2

```
1   #include <stdio.h>
2   int main()
3   {
4       int *p, *q, a;
5       p = &a;
6       q = p;
7       printf("变量 a 的地址: %p.\n",&a);
8       printf("变量 p 的值: %p.\n",p);
9       printf("变量 q 的值: %p.\n",q);
10      return 0;
11  }
```

■ 输出：

> 变量 a 的地址：0028FF14.
> 变量 p 的值：0028FF14.
> 变量 q 的值：0028FF14.

■ 分析：

第 4 行：定义了指针变量 p、q，* 用来说明该变量是一个指针变量，注意它的类型是 int 型。此外，还定义了一个整型变量 a。

第 5 行：将变量 a 的地址赋给变量 p，指针变量 p 中存储的就是变量 a 的地址。

第 6 行：将指针变量 p 的值赋给 q，这时 p 与 q 中存储的是同一块内存地址。

第 7 行：输出变量 a 的地址。

第 8 行：输出变量 p 中存储的地址。

第 9 行：输出变量 q 中存储的地址。

8.3 通过指针进行读写

定义了指针之后，下一步就是如何使用已经定义的指针对它指向的内存进行读写。C 语言提供了一个间接访问运算符 *，通过它可以得到内存地址中的内容，进而进行读写操作。具体示例如下。

```
int a = 1, b;
b = *(&a)          //&a 表示 a 在内存中的地址，*(&a)表示访问 a 所在内存单元中的数据
```

接下来通过案例来说明指针中间接访问运算符 * 的用法，具体如例 8-3 所示。

例 8-3

```
1   # include < stdio. h >
2   int main()
3   {
4       int a = 1;
5       int * p = &a;
6       printf(" * (&a) = % d\n", * (&a));
7       printf(" * p = % d\n", * p);
8       a = 2;
9       printf(" * p = % d\n", * p);
10      * p = 3;
11      printf("a = % d\n", a);
12      return 0;
13  }
```

输出：

```
* (&a) = 1
* p = 1
* p = 2
a = 3
```

分析：

第 6 行：& 表示取变量的地址，* 表示取内存地址中的内容，因此，& 与 * 互为逆运算，* (&a)等价于 a。

第 7 行：相当于把第 6 行中(&a)换为 p，因为指针变量 p 中存储的就是变量 a 的地址，所以两者等价，* p 等价于 a。

第 8 行：将 a 的值赋为 2。

第 9 行：因为 * p 等价于 a，所以 a 的值为 2，* p 的值也为 2。

第 10 行：通过 * 访问指针 p 所指向的变量 a，将其值修改为 3。

第 11 行：输出 a 的值为 3。

注意：

在使用指针时，指针必须先存储变量的地址，才能访问变量。具体示例如下：

```
int a, * p; * p = 1;              //错误
int a, * p = &a; * p = 1;         //正确
```

此外，注意 p 与 * p 的区别：p 是指针变量，内容是地址值；* p 是 p 所指向的变量，内容是数据值。

8.4 空 指 针

指针变量是用来保存内存地址的变量，当定义一个指针后，如果没有用它来保存一个内存地址，那么该指针就是一个野指针，它的默认值是随机的，会造成程序混乱。如例 8-4 所示。

例 8-4

```
1   # include < stdio. h >
2   int main()
3   {
4       int * p;
5       printf(" % p\n", p);
6       return 0;
7   }
```

■ 输出：

```
00000002
```

■ 分析：

第 4 行：定义了一个指针变量 p，但 p 并没有存储任何变量的内存地址。

第 5 行：打印 p 的值为 00000002，它是某个未知区域的地址。假如对 p 进行操作，如

```
*p = 1;
```

该行将 p 指向的某个未知区域的数据修改为 1，会造成程序崩溃。为避免这种情况的发生，程序中除了可以给指针变量赋地址值外，还可以给指针变量赋 NULL 值，这样就消除了野指针。具体示例如下：

```
int *p;
p = NULL;
```

第 1 行定义了一个指针，由于该指针没有保存任何内存地址，它的值是随机的，因此它是一个野指针。第 2 行将野指针 p 的值赋为 NULL，NULL 是在 stdio.h 中定义的预定义符，因此在使用 NULL 时，必须在程序的前面加上"＃include < stdio.h >"。这样 p 就成为一个空指针，它是安全的，以上两行可以合并为一行，具体示例如下：

```
int *p = NULL;
```

该行定义了一个空指针 p。

接下来通过案例来演示输出空指针保存的地址，具体如例 8-5 所示。

例 8-5

```
1  ＃include < stdio.h >
2  int main()
3  {
4      int *p = NULL;
5      printf("%p\n", p);
6      return 0;
7  }
```

■ 输出：

```
00000000
```

■ 分析：

第 4 行：定义了一个空指针。

第 5 行：打印空指针的地址。

8.5 变更指针保存的地址

由于指针变量也是变量，因此指针变量的值（指向的内存中的地址）也是可以变更的。变更指针保存的地址相当于将原来的指针指向了新的一段内存。接下来通过一个案例来演示变更指针保存的地址，具体如例 8-6 所示。

例 8-6

```
1   #include <stdio.h>
2   int main()
3   {
4       int a = 1, b = 2;
5       int *p = &a;
6       printf("&a = %p\t", &a);
7       printf("&b = %p\t", &b);
8       printf("p = %p\n", p);
9       p = &b;
10      printf("&a = %p\t", &a);
11      printf("&b = %p\t", &b);
12      printf("p = %p\n", p);
13      return 0;
14  }
```

输出：

```
&a = 0028FF18   &b = 0028FF14     p = 0028FF18
&a = 0028FF18   &b = 0028FF14     p = 0028FF14
```

分析：

第 6 行：&a 表示变更前 a 的地址。
第 7 行：&b 表示变更前 b 的地址。
第 8 行：p 表示变更前存储的地址，即 a 的地址。
第 9 行：变更 p 保存的地址，使 p 指向变量 b。
第 12 行：p 表示变更后存储的地址，即 b 的地址。

8.6 指针自身的地址

指针变量也是变量，它也占用内存空间，因此它也有内存地址。接下来通过案例来演示指针自身的地址，具体如例 8-7 所示。

例 8-7

```
1    # include < stdio. h>
2    int main()
3    {
4        int a = 1;
5        int * p = &a;
6        printf("p =  % p\n", p);
7        printf("&p =  % p\n", &p);
8        printf(" * p =  % d\n", * p);
9        return 0;
10   }
```

输出：

```
p = 0028FF1C
&p = 0028FF18
 * p = 1
```

分析：

第 6 行：输出指针变量 p 中存储的地址，即变量 a 的地址 0028FF1C。

第 7 行：输出指针变量 p 的内存地址，即 0028FF18，此处可以看出指针变量存储的地址与指针变量自身的地址是不同的，读者要加以区分。

第 8 行：输出指针变量 p 所指向变量 a 的值。

8.7 指 针 运 算

数值变量可以进行加减乘除算术运算。而对于指针变量，由于它保存的是一个内存地址，那么可以想象，对两个指针进行乘除运算是没有意义的。那么指针的算术运算主要是指指针的移动，即通过指针递增、递减、加上或者减去某个整数值来移动指针指向的内存位置。此外，两个指针在有意义的情况下，还可以做关系运算，如比较运算。

8.7.1 指针的加减运算

指针变量的值实际上是内存中的地址，因此，一个指针加减整数相当于对内存地址进行加减，其结果依然是一个指针。然而，尽管内存地址是以字节为单位增长的，指针加减整数的单位却不是字节，而是指针指向数据类型的大小。具体示例如下。

```
int a = 0;
int * p = &a;
p++;
```

第 3 行将指针变量 p 存储的内存地址自加,由于 p 指向的是 int 型变量,因此执行自加操作会将原来的内存地址增加 4 个字节(此处是 int 型占用 4 个字节的系统)。接下来通过案例来演示指针的加减运算,具体如例 8-8 所示。

例 8-8

```
1    # include < stdio. h >
2    int main()
3    {
4        int a = 1, * p = &a;
5        double b = 2, * q = &b;
6        printf("p =  % p\n", p);
7        p -- ;
8        printf("p - 1 =  % p\n", p);
9        printf("q =  % p\n", q);
10       q += 2;
11       printf("q + 2 =  % p\n", q);
12       return 0;
13   }
```

■ 输出:

```
p = 0028FF14
p - 1 = 0028FF10
q = 0028FF08
q + 2 = 0028FF18
```

📄 分析:

第 4 行:定义变量 a 与指针变量 p,并将 a 的地址赋给 p。

第 5 行:定义变量 b 与指针变量 q,并将 b 的地址赋给 q。

第 6 行:打印 p 中存储的地址,即 a 的地址 0028FF14。

第 7 行:将 p 自减。

第 8 行:打印此时 p 中存储的地址,为 0028FF10,从 0028FF14 到 0028FF10 需要移动 4 个字节,而这正好是 int 型变量所占用的内存字节数。

第 9 行:打印 q 中存储的地址,即 b 的地址 0028FF08。

第 10 行:将 q 自加 2。

第 11 行:打印此时 q 中存储的地址,为 0028FF18,从 0028FF08 到 0028FF18 需要移动 16 个字节,而这正好是两个 double 型变量所占用的内存字节数。

8.7.2　指针的赋值运算

指针的值本质上是内存中的地址,因此只要是内存地址都可以用来给指针赋值。接下来通过一个案例来演示指针的赋值运算,具体如例 8-9 所示。

例 8-9

```
1   # include < stdio. h >
2   int main()
3   {
4       int a = 1, b = 2;
5       int * p = &a;
6       int * q = &b;
7       printf("p = %p\n", p);
8       printf("q = %p\n", q);
9       p = q;
10      printf("p = %p\n", p);
11      printf("q = %p\n", q);
12      return 0;
13  }
```

输出：

```
p = 0028FF14
q = 0028FF10
p = 0028FF10
q = 0028FF10
```

分析：

第 5 行：指针变量 p 存储变量 a 的地址。

第 6 行：指针变量 q 存储变量 b 的地址。

第 9 行：将 q 的值赋值给 p。

第 10～11 行：打印 p、q 中存储的内存地址，从结果发现，p 与 q 的内存地址一样，即指向同一变量。

8.7.3 指针的相减运算

前面讲到一个指针加上整数之后会得到新的指针，相应地，两个同类型指针相减的结果是一个整数。和指针加减整数的单位一样，两个同类型指针相减的结果也不是以字节为单位的，而是以指针指向的数据类型大小为单位的。接下来通过一个案例来演示同类型指针相减运算，具体如例 8-10 所示。

例 8-10

```
1   # include < stdio. h >
2   int main()
3   {
4       int a = 1, b = 2, c, d;
5       int * p = &a;
6       int * q = &b;
7       printf("p = %p\n", p);
```

```
8       printf("q = %p\n", q);
9       printf("p - q = %d\n", p - q);
10      printf("*p - *q = %d\n", *p - *q);
11      return 0;
12  }
```

■ 输出:

```
p = 0028FF14
q = 0028FF10
p - q = 1
*p - *q = -1
```

✎ 分析:

第 5~6 行：指针变量 p、q 分别存储变量 a、b 的内存地址。

第 9 行：p-q 得出地址差，它是以指针指向的数据类型大小为单位的。本例中执行相减操作的指针类型为 int，那么地址差是 1 个 int 单元，而 1 个 int 单元占用 4 个字节内存空间。

第 10 行：*p- *q 得出指针指向变量的差值，本例中 *p 就是 a，*q 就是 b，即 *p- *q 等价于 a-b，因此结果为-1。

8.7.4　指针的比较运算

既然指针和指针是可以相减的，相同类型的指针之间也是可以比较大小的：如果两个同类型指针相减的结果大于 0，那么前者比后者大；小于 0 则是后者比前者大。指针之间的大小关系实际上揭示了指针指向的地址在内存中的位置先后。接下来通过一个案例来演示指针的比较运算，具体如例 8-11 所示。

例 8-11

```
1   #include<stdio.h>
2   int main()
3   {
4       int a = 1, b = 2;
5       int *p = &a;
6       int *q = &b;
7       printf("p = %p\n", p);
8       printf("q = %p\n", q);
9       if (p > q)
10      {
11          printf("p > q\n");
12      }
13      else if (p < q)
```

```
14        {
15            printf("p < q\n");
16        }
17        else
18        {
19            printf("p == q\n");
20        }
21        return 0;
22   }
```

输出：

```
p = 0028FF14
q = 0028FF10
p > q
```

分析：

第 5~6 行：指针变量 p、q 分别存储变量 a、b 的内存地址。

第 7~8 行：打印出 p、q 中存储的地址。

第 9~20 行：判断 p、q 中地址的大小关系并输出。

8.8 指针与数组

在第 7 章中介绍过数组在内存中的存储方式是连续存储的,一个数组占据的字节数等于数组的元素个数乘以每个元素占用的字节数。在 C 语言中,一个数组的数组名是一个地址,它代表整个数组的起始地址或数组第一个元素的地址。接下来通过一个案例来说明数组名的含义,具体如例 8-12 所示。

例 8-12

```
1    #include <stdio.h>
2    int main()
3    {
4        int a[3] = {0, 1, 2}, * p;
5        printf("a = %p\n", a);
6        p = &a[0];
7        printf("p = %p\n", p);
8        return 0;
9    }
```

输出：

```
a = 0028FF10
p = 0028FF10
```

分析：

第 5 行：打印数组的起始地址。

第 6 行：将数组中第一个元素的地址赋值给指针变量 p。

第 7 行：打印 p 中存储的内存地址。从打印结果可发现，数组名就是数组中第一个元素的地址。

8.8.1　利用指针输出数组元素

数组名在 C 语言中被处理成一个地址常量，它永远代表数组的起始地址，因此不能给数组名重新赋值。但指针的值是可以修改的，将数组名赋给指针后，就可以通过移动指针来访问数组中的每个元素。具体如例 8-13 所示。

例 **8-13**

```
1    #include<stdio.h>
2    int main()
3    {
4        int a[3] = {0, 1, 2}, *p = a, i;
5        for (i = 0; i < 3; i++)
6        {
7            printf("a[%d] = %d\n", i, *p);
8            p++;
9        }
10       return 0;
11   }
```

输出：

```
a[0] = 0
a[1] = 1
a[2] = 2
```

分析：

第 4 行：定义指针变量 p，并将数组名赋给 p，这时 p 中存储的是数组第一个元素的地址。

第 7 行：每循环一次，通过 *p 输出一个元素的值。

第 8 行：每输出一个元素的值，就将 p 指向下一个元素。

"int a[3]，*p = a;"这样定义后，指针 p 与数组名 a 等价，都表示数组 a 的起始地址（a 是常量，p 是变量）；p + i 与 a + i 等价，都表示数组元素 a[i] 的地址；*(p + i) 与 *(a + i) 也等价，都等于数组元素 a[i] 的值，p[i] 也等于 a[i]。这样访问一维数组元素的地址和数组元素的值又多了一种方法。具体如例 8-14 所示。

例 8-14

```
1    # include < stdio. h>
2    int main()
3    {
4        int a[3] = {0, 1, 2}, i;
5        int * p = a;
6        for (i = 0; i < 3; i++)
7        {
8            printf("a[ % d] = % d\t", i, * (a + i));
9        }
10       printf("\n");
11       for (i = 0; i < 3; i++)
12       {
13           printf("a[ % d] = % d\t", i, p[i]);
14       }
15       return 0;
16   }
```

输出：

```
a[0] = 0        a[1] = 1        a[2] = 2
a[0] = 0        a[1] = 1        a[2] = 2
```

分析：

第 8 行：因为 a 与 &a[0]等价，所以 a[1]的地址是 a + 1，即 &a[1]，元素 a[1]可以通过 * (a + 1)访问。a + i 依次指向 a 数组的每一个元素，使用 * (a + i)可以访问每一个元素的值。

第 13 行：通过 p[i]访问数组中的每一个元素。

8.8.2 查找最大数与最小数

「实例说明」

本实例要求从键盘输入 8 名学生 C 语言成绩，通过指针查找出最高分和最低分并输出到屏幕。

「实例分析」

8 名学生的 C 语言成绩可以用一个数组来存储，再定义两个变量用来存放 8 名学生成绩的最大值与最小值。通过遍历数组，得到最大值与最小值。

「实现代码」

具体如例 8-15 所示。

例 8-15

```
1    # include < stdio. h>
2    # define NUM 8
```

```
3    int main()
4    {
5        float score[8], * p;
6        float max = 0, min = 0;
7        int i;
8        printf("请输入 8 名学生 C 语言成绩:\n");
9        for (i = 0; i < NUM; i++)
10       {
11           scanf(" % f", &score[i]);              //输入 8 个浮点型的学生的成绩
12       }
13       p = score;
14       max = min = * p;
15       for (i = 1; i < NUM; i++)                   //循环比较,找出最高分和最低分
16       {
17           p++;
18           if(max < * p)
19           {
20               max =  * p;
21           }
22           if(min > * p)
23           {
24               min =  * p;
25           }
26       }
27       printf("最高分是: % .2f\n", max);          //输出最高分
28       printf("最低分是: % .2f\n", min);          //输出最低分
29       return 0;
30   }
```

📟 **输入:**

请输入 8 名学生 C 语言成绩:
78 98 67.8 99.5 80.5 85 90 92.6

🖥 **输出:**

最高分是: 99.50
最低分是: 67.80

🔍 **分析:**

第 13 行:将数组名赋值给指针变量 p,此时 p 指向数组中的第一个元素。

第 14 行:假设比较前最大值与最小值都为数组中的第一个元素。

第 15~26 行:循环从 i = 1 开始执行,执行完 p++后,p 指向数组中第二个元素 score[1],如果 max 小于 score[1],那么就把 score[1]赋值给 max;如果 min 大于 score[1],那么就把 score[1]赋值给 min。以此类推,循环完成后,max 中就是最大值,min 中就是最小值。

8.9   指针的类型

按照指针所指向变量类型的不同,指针变量也分成多种类型,例如指向整型的指针和指向字符型的指针。虽然都是指针,它的值都是内存地址,但所指的变量类型不同。不同类型的指针之间不能直接互相赋值,这是因为不同类型指针的运算方式不一样,指针类型的作用是用来获取所指数据类型的长度,并以此确定指针单位增量的长度。具体如例 8-16 所示。

例 8-16

```
1   # include < stdio. h >
2   # define NUM 8
3   int main()
4   {
5       int a, * p;
6       char c, * q;
7       p = &a;
8       q = &c;
9       printf("p = %p\n", p);
10      printf("p + 1 = %p\n", p + 1);
11      printf("q = %p\n", q);
12      printf("q + 1 = %p\n", q + 1);
13      return 0;
14  }
```

输出:

```
p = 0028FF14
p + 1 = 0028FF18
q = 0028FF13
q + 1 = 0028FF14
```

分析:

第 10 行:整型指针 p 加 1,地址由原来的 0028FF14 变为 0028FF18,偏移了 4 个字节,而这正好是整型变量所占用的内存字节数。

第 12 行:字符型指针 q 加 1,地址由原来的 0028FF13 变为 0028FF14,偏移了 1 个字节,而这正好是字符型变量所占用的内存字节数。由此可见,指针类型决定了指针每次移动时偏移的字节数,因此,指针的类型必须与其所指向的目标类型一致。

8.10   const 与指针

在 C 语言中,const 是一个关键字,它除了可以修饰变量外,还可以修饰指针,本节主要介绍 const 与指针的搭配使用。

8.10.1　常量指针

常量指针是指指针中存储的地址不能被修改,但指针指向的内容可以被修改。具体示例如下:

```
int a = 1;
int * const p = &a;
```

上述示例代码中,指针 p 不可修改,但 p 指向的整型变量可以被修改。此处需注意常量指针在定义时必须同时赋初值。接下来通过一个案例来说明常量指针,具体如例 8-17 所示。

例 8-17

```
1   # include < stdio. h >
2   int main()
3   {
4       int a = 1;
5       int * const p = &a;
6       //p = p + 1;
7       * p = 2;
8       printf(" % d", a);
9       return 0;
10  }
```

输出:

```
2
```

分析:

第 5 行:定义了一个常量指针 p 并赋初值,它存储的地址不可修改。

第 6 行:修改 p 所存储的地址,编译时报错,因此将该行注释掉。

第 7 行:修改 p 所指向的变量 a 的值为 2,编译成功。

第 8 行:打印 a 的值为 2。

8.10.2　指向常量的指针

指向常量的指针是指指针指向的内容不能被修改,但指针中存储的地址可以被修改。具体示例如下:

```
int a = 1;
const int * p = &a;
int const * q = &a;              //两种写法含义相同
```

上述示例代码中,指针 p 指向的数据是常量,但 p 中存储的地址可以被修改。接下来通过一个案例来说明指向常量的指针,具体如例 8-18 所示。

例 8-18

```
1    # include < stdio. h >
2    int main()
3    {
4        int a = 1;
5        const int * p = &a;
6        printf(" % p\n", p);
7        p = p + 1;
8        // * p = 2;
9        printf(" % p\n", p);
10       return 0;
11   }
```

■ 输出:

```
0028FF18
0028FF1C
```

分析:

第 5 行:定义了一个指向常量的指针 p 并赋初值。

第 6 行:打印修改前 p 的值。

第 7 行:修改 p 所存储的地址,编译成功。

第 8 行:修改 p 所指向的常量值,编译时报错,因此将该行注释掉。

第 9 行:打印修改后 p 的值,说明 p 中存储的地址可以被修改。

8.10.3　指向常量的常指针

指向常量的常指针是指指针指向的内容不能被修改,同时指针中存储的地址也不能被修改。具体示例如下:

```
int a = 1;
const int * const p = &a;
```

上述示例代码中,指针 p 指向的数据是常量,同时 p 中存储的地址也不能被修改。接下来通过一个案例来说明指向常量的常指针,具体如例 8-19 所示。

例 8-19

```
1    # include < stdio. h >
2    int main()
3    {
4        int a = 1;
```

```
5       const int  *  const p  =  &a;
6       //p = p + 1;
7       // * p = 2;
8       printf(" % d\n",  * p);
9       return 0;
10  }
```

■ 输出：

```
1
```

⬚ 分析：

第 5 行：定义了一个指向常量的常指针 p 并赋初值。

第 6 行：修改 p 所存储的地址，编译时报错，因此将该行注释掉。

第 7 行：修改 p 所指向的常量值，编译时报错，因此将该行注释掉。

第 8 行：打印 p 所指向的常量值为 1。

8.11　void 指针

void 意思为"无类型"，是 C 语言中的一个关键字，用 void 修饰的指针就是一个无类型的指针，它可以指向任何类型的数据。具体示例如下：

```
int a = 1;
char b = 'A';
void * p;
p = &a;
p = &b;
```

第 4 行用 void 指针 p 指向变量 a，a 的类型是整数型，第 5 行用 void 指针 p 指向变量 b，b 的类型是字符型。虽然 void 指针可以指向任何类型的数据，但无法利用它来访问所指向的数据，因为编译器无法知道 void 指针指向的数据是何种类型，从而无法确定数据在内存中的字节数。但如果将 void 指针强制转换为所指数据的数据类型，那么就可以访问该数据了。具体如例 8-20 所示。

例 8-20

```
1   # include < stdio. h >
2   int main( )
3   {
4       int a = 1;
5       char b = 'A';
6       void * p;
7       p = &a;
8       printf("a =  % d\n",  * (int * )p);
```

```
9      p = &b;
10     printf("b = %c\n", *(char *)p);
11     return 0;
12 }
```

输出:

```
a = 1
b = A
```

分析:

第 8 行:通过强制转换运算符将 p 转换为整数型的指针,再通过间接访问运算符访问 p 指向的变量 a,最后打印 a 的值为 1。

第 10 行:通过强制转换运算符将 p 转换为字符型的指针,再通过间接访问运算符访问 p 指向的变量 b,最后打印 b 的值为 A。

8.12   本 章 小 结

通过本章的学习,能够掌握 C 语言指针的概念及用法,重点要了解的指针是 C 语言的核心内容,希望读者能反复阅读并进行大量实践,以加深对指针的理解。

8.13   习   题

1. 填空题

(1) 变量的指针,其含义是指该变量的_____。

(2) 若已定义"int a[2][4]={{0,1,2,3},{4,5,6,7}},(*p)[4]=a;",则执行"p++;"后,**p 代表的元素是_____。

(3) 若有定义"int a[2][3]={2,4,6,8,10,12};",则 *(*(a+1)+0)) 的值_____。

(4) 若有定义"int a[]={2,4,6,8,10},*p=a;",则 *(p+1) 的值是_____,*(a+3) 的值是_____。

(5) 若有定义"int a[10];",则 a 数组中首元素的地址可以表示为_____。

2. 选择题

(1) 若有定义"char a[10];",则在下面表达式中不表示 s[1] 的地址是(   )。

   A. a+1   B. a++
   C. &a[0]+1   D. &a[1]

(2) 若有定义"int a[5]，＊p ＝ a;"，则对 a 数组元素的正确引用是(　　)。

  A. ＊&a[5]   B. a ＋ 2

  C. ＊(p ＋ 5)   D. ＊(a ＋ 2)

(3) 设"int a[5][5]，＊b[5]，(＊c)[5]＝a;"，则 a、b、c 分别是(　　)。

  A. 数组、数组指针、指针数组   B. 数组、指针数组、指针函数

  C. 数组、数组指针、函数指针   D. 数组、指针数组、数组指针

(4) 下面与 int ＊p[4]定义等价的是(　　)。

  A. intp[4]   B. int ＊ p

  C. int ＊(p[4])   D. int(＊p)[4]

(5) 若有说明"char ＊ s[]＝{"china"，"c"，"qian"，"feng"};"，则 s[2]的值是(　　)。

  A. 一个字符   B. 一个地址

  C. 一个字符串   D. 一个不定值

3. 思考题

(1) 什么是指针？

(2) 使用指针的优点是什么？

(3) 指针变量符 ＊ 和 & 的含义是什么？

(4) 数组指针和指针数组的含义分别是什么？

(5) 请简述数组指针变量的说明和使用方法。

4. 编程题

(1) 编程实现有三个整型变量 i、j、k，设置三个指针变量 p1、p2、p3，分别指向 i、j、k；然后通过指针变量使 i、j、k 三个变量的值顺序交换，即把 i 的原值赋给 j，把 j 的原值赋给 k，把 k 的原值赋给 i。要求输出 i、j、k 的原值和新值。

(2) 编程实现输入 8 个整数存入一维数组，将其中最大数与第一个数交换，最小数与最后一个数交换(用指针完成)。

第 9 章

函数与指针

本章学习目标

- 理解函数的运行机制
- 熟练掌握函数的嵌套调用与递归调用
- 理解指针作为函数参数
- 熟练掌握内部函数与外部函数
- 熟练掌握静态变量与全局变量

函数与指针是 C 语言中最重要的两个功能,指针可以指向任何类型的数据,若用指针作为函数参数,那么函数也可以处理各种数据类型。

9.1 函数的运行机理

一个 C 语言的源程序经过编译以后形成与源程序主名相同但后缀为.exe 的可执行文件,并且放在外存储器(简称外存)中。当该.exe 可执行程序被运行时,首先从外存将程序代码加载到内存的代码区中,然后从 main 函数的起始处开始执行。在程序执行过程中,如果遇到对其他函数的调用,则暂停当前函数的执行,保存下一条指令的地址(即返回地址,作为从子函数返回后继续执行的入口点),并保存现场(主要是一些寄存器的内容),然后转到子函数的入口地址,执行子函数。当遇到 return 语句或子函数结束时,则恢复之前保存的现场,并从先前保存的返回地址开始继续执行。接下来通过一个案例来演示函数的运行机理,具体示例如下。

```
1   # include < stdio. h >
2   int add( int a, int b)
3   {
4       int c;
5       c = a + b;
6       return c;
7   }
8   int main()
9   {
10      int a = 1, b = 2;
11      add(a, b);
12      return 0;
13  }
```

指令指针是用于存放下一条待执行指令的地址。当第 11 行 add 函数被调用时,可以分为以下 5 个步骤,具体如下:

(1) 指令指针的地址加 1,使其指向函数调用的下一条指令(第 12 行语句)。该地址随后被放置在栈中,它将作为函数返回时的返回地址。

(2) 程序跳到函数的入口地址,该地址存在于目标文件(编译生成的.obj 文件)的符号表中。当调用某个函数时,就从符号表中提取该函数的地址,即该函数第 1 条指令的地址,然后由寄存器中的指令指针来保存。

(3) 系统根据符号表中描述的函数返回值类型在栈中开辟一块内存,该内存用来存放返回值,而此时栈顶地址被存储到栈顶指针中,从此处开始,函数返回之前的进入栈的任何数据都将被视为函数的局部变量。

(4) 将函数的参数,按照自右向左的方向压入栈中,本例中形式参数 b 先入栈,a 后入栈,当所有参数都入栈后,才开始执行函数的第 1 条指令。局部变量 c 入栈,由于栈顶指针始终要指向栈顶,因此,此时栈顶指针指向 c。

(5) 当函数结束时,栈区中的数据要进行释放(即出栈),后进的数据先出栈,每出一个数据,栈顶指针下移,直到所有的数据都出栈。具体示例如下:

```
1    # include < stdio.h >
2    int add( int a, int b)
3    {
4        int c;
5        c = a + b;
6        return c;
7    }
8    int main()
9    {
10       int a = 1, b = 2;
11       add(a, b);
12       return 0;
13   }
```

栈区

| 局部变量c |
| 形式参数a |
| 形式参数b |
| 返回值 |
| 指令的地址 |

出栈

栈顶指针

本例中首先弹出的是最后压入的局部变量 c,接着是函数的参数 a、b,最后是返回值,此时栈内只剩下一个数据,就是调用后的下一条指令的地址,该地址被加载到指令指针中,因此程序返回到函数调用后的下一条指令处来执行,并将返回值返回到该指令处。

9.2 函数的调用

按函数在程序中出现的位置,可以将函数调用分为 3 种方式,具体如下:

(1) 函数语句调用方式是指把函数调用作为一条语句,它不要求函数带回返回值,只要求函数完成一定的操作。

(2) 函数表达式调用方式是指函数出现在一个表达式中,例如"a = 3 * add(1, 2);",这时要求函数返回一个确定的值用来参与表达式的运算。

(3) 函数参数调用方式是指函数调用作为函数的实参。例如"printf("%d\n",

add(1，2))；"，其中 add(1，2)是一次函数调用，它的值作为 printf 函数的实参。

接下来通过一个案例来演示 3 种方式函数的调用，具体如例 9-1 所示。

例 **9-1**

```
1   # include < stdio. h >
2   void print()
3   {
4       printf("千锋教育欢迎您!\n");
5   }
6   int add( int a, int b)
7   {
8       int c;
9       c = a + b;
10      return c;
11  }
12  int main()
13  {
14      int a = 1, b = 2, c;
15      print();
16      c = 2 * add(a, b);
17      printf(" % d\n", c);
18      printf(" % d\n", add(a, b));
19      return 0;
20  }
```

■ 输出：

```
千锋教育欢迎您!
6
3
```

分析：

第 2~5 行：定义了一个 print 函数。

第 6~11 行：定义了一个 add 函数。

第 15 行：通过函数语句方式调用函数。

第 16 行：通过函数表达式方式调用函数，add(1，2)返回 3 后，执行 2 * 3，结果为 6，再赋值给 c。

第 18 行：通过函数参数方式调用函数，add(1，2)返回 3 后，作为 printf 函数的实参。

9.3 函数的求参顺序

在函数调用中应当注意函数求参顺序的问题。所谓求参顺序，是指对实参表中各个变量是自左向右求值还是自右向左求值。大部分编译器按照自右向左的顺序来求值，只有极少数的编译器采取自左向右的顺序求值。接下来通过一个案例来演示函数的求参顺序，具体如例 9-2 所示。

例 9-2

```
1   # include < stdio. h >
2   void print( int a, int b)
3   {
4       printf(" % d\n", a);
5       printf(" % d\n", b);
6   }
7   int main()
8   {
9       int a = 1;
10      print(a, ++a);
11      return 0;
12  }
```

输出：

```
2
2
```

分析：

第 10 行：调用 print 函数之前，先要计算出实参的值，如果编译器是按照自右向左的顺序求值，则会先计算实参＋＋a，得到 a 为 2；然后计算左侧的实参 a，得到 a 为 2。接着程序跳转到第 2 行，将右侧的实参值赋值给形参 b，将左侧的实参值赋值给形参 a，接着打印 a、b 的值。如果编译器是按照自左向右的顺序求值，则会先计算左侧的实参 a，得到 a 为 1；然后计算右侧的实参 a，得到 a 为 2。从程序运行结果可发现，本例题采用的编译器是按自右向左的顺序求值。

注意：

读者在写程序时，建议最好不要编写类似上面的语句，即在一条语句中首先修改了一个变量的值，然后再去使用这个变量。因为这种写法既不利于程序员阅读、理解代码，也不利于程序的兼容性(不同编译器可能对调用顺序有不同的实现)。

9.4　函数的嵌套调用

C 语言允许在函数定义中出现函数调用，从而形成函数的嵌套调用。具体如例 9-3 所示。

例 9-3

```
1   # include < stdio. h >
2   int add1( int a)
3   {
```

```
4      return a + 1;
5    }
6  int add2(int n)
7  {
8      int sum = 0, i;
9      for (i = 0;i < n; i++)
10     {
11         sum += add1(i);
12     }
13     return sum;
14 }
15 int main()
16 {
17     int a = 0, b = 2;
18     a = add2(b);
19     printf(" % d\n", a);
20     return 0;
21 }
```

输出：

```
3
```

分析：

第 11 行：在 add2 函数中调用了 add1 函数，由于 add1 函数嵌套在 add2 函数中调用，因此称为嵌套调用。

第 18 行：调用函数 add2，执行到 11 行时，接着调用 add1 函数，当 add1 函数返回时，再接着执行 add2 函数。

9.5　函数的递归调用

在调用函数时，函数直接或间接地调用函数自身，称为函数的递归调用。递归是在执行某一处理过程时，该过程的某一步要用到它自身的前一步的结果。递归调用中，执行递归函数将反复调用自身，每调用一次就执行新的一层。

9.5.1　直接调用自身

函数直接调用函数自身，具体如例 9-4 所示。

例 9-4

```
1  # include < stdio. h >
2  int func( int a)
3  {
```

```
4        return func(a);
5  }
6  int main()
7  {
8        int a;
9        a = func(2);
10       printf(" % d\n", a);
11       return 0;
12 }
```

分析：

第 4 行：在 func 函数中调用 func 函数，函数直接调用函数自身，是递归调用。

第 9 行：调用 func 函数，程序跳转到第 2 行，将实参 2 传递给形参，接着执行第 4 行，调用 func 函数，程序又跳转到第 2 行，再执行第 4 行，再跳转，再执行，该函数将无休止地调用自身。

9.5.2　间接调用自身

函数调用其他函数，而其他函数又调用该函数自身。具体如例 9-5 所示。

例 9-5

```
1  # include < stdio. h >
2  void func2();
3  void func1()
4  {
5        printf("func1 函数\n");
6        func2();
7  }
8  void func2()
9  {
10       printf("func2 函数\n");
11       func1();
12 }
13 int main()
14 {
15       func1();
16       return 0;
17 }
```

分析：

第 2 行：声明函数 func2，如果没有提前声明 func2 函数，则调用 func1 函数时，编译器会提示函数 func2 未定义。

第 15 行：调用 func1 函数，func1 函数中又调用 func2 函数，func2 函数中又调用 func1 函数，这样 func1 函数与 func2 函数将无休止地互相调用。

9.5.3 终止递归调用

通过前两小节的学习，发现直接调用自身和间接调用自身都会导致函数无休止地调用，每次调用函数，都需要压栈操作，最终会导致栈空间耗尽，程序崩溃。为了使递归调用函数能够终止，应该有终止递归调用的方法。常在满足某种条件后不再作递归调用，然后逐层返回。具体如例 9-6 所示。

例 9-6

```
1   #include<stdio.h>
2   void func(int n)
3   {
4       printf("%d\n", n);
5       n++;
6       if(n<5)
7       {
8           func(n);
9       }
10  }
11  int main()
12  {
13      func(0);
14      return 0;
15  }
```

🖥 输出：

```
0
1
2
3
4
```

📋 分析：

第 6 行：在递归函数 func 中，当 n 小于 5 时，调用 func 函数，否则，不调用。

第 13 行：为 func 函数传递形参 0，先输出 n 的值，并将 n 自加，由于 1 小于 5，所以会调用自身，以此类推，直到 n 等于 5，结束调用。

9.5.4 递归调用的用途

「实例说明」

用递归调用实现求 $n!$。

「实例分析」

用递归法计算 $n!$，可用下述公式表示：

$$f(n) = \begin{cases} 1, & n = 0 \\ n * (n-1)!, & n > 0 \end{cases}$$

用递归函数可将 $n!$ 表示为：

$$f(n) = \begin{cases} 1, & n = 0 \\ n * f(n-1), & n > 0 \end{cases}$$

「实现代码」

具体如例 9-7 所示。

例 9-7

```
1   # include < stdio. h >
2   long f( int n)           //递归函数定义
3   {
4       long a;
5       if( n == 0 || n == 1)
6       {
7           a = 1;
8       }
9       else
10      {
11          a = f( n - 1) * n;
12      }
13      return a;
14  }
15  int main()
16  {
17      int n;
18      long a;
19      printf("请输入一个整数: ");
20      scanf(" % d",&n);
21      a = f(n);
22      printf(" % d! = % d\n", n, a);
23      return 0;
24  }
```

⌨ 输入:

请输入一个整数: 3

▇ 输出:

3! = 6

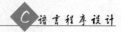

分析：

第 5 行：递归的终止条件。

第 11 行：递归调用。每次调用 f 函数时，局部变量 n 和 a 的值也随之变化并记忆，直到终止条件时，n = 1，a = 1，随着递归的返回，n 和 a 的值又层层恢复。

⚠ 注意：

递归调用是以牺牲存储空间为代价的。因为每一次递归调用都要保存相关的参数和变量，所以递归本身不会加快执行速度。另外，所有的递归问题都可以用非递归的算法实现。

9.6　指针作为函数参数

函数的参数不仅可以是整型、实型、字符型等数据，还可以是指针类型，它的作用是将一个地址传递到被调用函数中。C 语言中函数传递参数主要分为两种：按值传递和按址传递。本节主要介绍这两种传递参数的区别。

9.6.1　按值传递

按值传递指函数形参与实参均为普通变量，函数调用时将实参的值复制一份给形参，在被调函数中，对形参的任何操作都不会影响实参的值。具体如例 9-8 所示。

例 9-8

```
1   #include<stdio.h>
2   void swap(int a, int b)
3   {
4       int t;
5       t = a;
6       a = b;
7       b = t;
8   }
9   int main()
10  {
11      int a, b;
12      printf("请输入两个整数: ");
13      scanf("%d %d",&a, &b);
14      printf("交换前: a = %d, b= %d\n", a, b);
15      swap(a, b);
16      printf("交换后: a = %d, b= %d\n", a, b);
17      return 0;
18  }
```

⌨ 输入：

请输入两个整数：1 2

■ 输出：

```
交换前：a = 1, b= 2
交换后：a = 1, b= 2
```

■ 分析：

第 15 行：调用 swap 函数，交换 a、b 的值。

第 16 行：从打印结果可发现，a、b 的值并没有交换。这是因为，调用函数 swap 时，实参 a、b 的值会复制一份给形参 a、b，在执行 swap 函数时，交换的是形参 a、b 的值，swap 函数执行结束，形参 a、b 释放内存空间，这期间并没有改变实参中 a、b 的值，因此，打印结果中 a、b 值并不发生变化。

9.6.2　按址传递

按址传递指函数形参定义为指针变量，实参也是指针或内存数据的地址，函数调用时将实参指针值传递给形参指针变量。在被调函数中，通过形参指针变量指向的数据进行函数的处理，此时，因为形参和实参指向共同的存储空间，因此对形参指向变量的任何修改，就是对实参指向变量的修改。具体如例 9-9 所示。

例 9-9

```
1    # include < stdio. h>
2    void swap( int * a, int * b)
3    {
4        int t;
5        t = * a;
6        * a = * b;
7        * b = t;
8    }
9    int main( )
10   {
11       int a, b;
12       printf("请输入两个整数：");
13       scanf("% d % d",&a, &b);
14       printf("交换前：a = % d, b= % d\n", a, b);
15       swap(&a, &b);
16       printf("交换后：a = % d, b= % d\n", a, b);
17       return 0;
18   }
```

■ 输入：

```
请输入两个整数：1 2
```

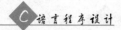

■ 输出：

```
交换前：a = 1, b= 2
交换后：a = 2, b= 1
```

■ 分析：

第 2 行：swap 函数的形参为指针变量 a、b。

第 15 行：调用 swap 函数，实参为变量 a、b 的地址。

第 16 行：从打印结果可发现，a、b 的值交换了。这是因为，调用函数 swap 时，实参 a、b 的地址会复制一份给形参指针变量 a、b，在执行 swap 函数时，通过 * 访问指针变量 a、b 指向的内存空间，即 main 函数中 a、b 的值，这样就实现了交换 a、b 的值。

⚠ 注意：

对于初学者，经常犯以下两种错误：

```c
void swap(int * a, int * b)
{
    int * t;
    t = a;
    a = b;
    b = t;
}
```

这种写法错误原因在于只是交换了形参指针变量 a、b 的值，并没有交换 a、b 指向内存空间的值。

```c
void swap(int * a, int * b)
{
    int * t;
    *t = *a;
    *a = *b;
    *b = *t;
}
```

这种写法的错误原因在于指针变量 t 没有初始化。

9.6.3　实现系统库函数 strupr

系统库函数 strupr 可以将字符串中所有小写字母替换成相应的大写字母，其他字符保持不变，函数返回替换后的指向字符串的指针。具体如例 9-10 所示。

例 9-10

```c
1   #include<stdio.h>
2   char * strupr(char * str)
3   {
```

```
4        char * p = str;
5        if (str == NULL)
6        {
7            return NULL;
8        }
9        while( * p != '\0')
10       {
11           if ( * p >= 'a' && * p <= 'z')
12           {
13               * p -= 'a' - 'A';
14           }
15           p++;
16       }
17       return str;
18   }
19   int main()
20   {
21       char str[ ] = "abcdef";
22       printf(" % s\n", strupr(str));
23       return 0;
24   }
```

输出：

ABCDEF

分析：

第 2 行：自定义 strupr 函数，它的形参为指针类型，可以接受一个字符串的地址。注意函数 strupr 返回值类型是 char *，即它返回一个指针。

第 4 行：在 strupr 函数的内部定义了一个局部指针变量 p，并初始化为 str。

第 5～8 行：判断 str 是否为 NULL，如果为空，则返回 NULL，不再继续往下执行。如果不对 str 进行为空判断，调用函数时，传入一个空指针，会使程序崩溃。

第 9 行：当指针 p 指向的不是字符串结束标志 '\0' 时，执行循环。

第 11～14 行：如果指针 p 指向的字符是 a ～ z 之间的字符，则用 a 减去 A 的值为小写转大写的差值，然后与 p 指向的小写字母做差，得到对应的大写字母，再赋值给 p 指向的小写字母。

第 15 行：将指针 p 自加，使其指向字符数组的下一个字符。

第 17 行：循环结束后，指针 p 指向了字符串的结束位置 '\0'，但指针 str 指向字符串的第 1 个字符，因此返回 str，就可以得到替换后的字符串。

第 22 行：调用 strupr 函数，将 str 字符数组中的所有小写字母转换为大写字母，返回一个指向 str 字符数组中第 1 个字符的指针，该指针作为 printf 函数的参数，输出到屏幕上。

9.7 数组作为函数参数

普通的变量可以作为函数的参数进行传递,那数组是相同类型变量的集合,当然也可以作为函数参数进行传递。具体如例 9-11 所示。

例 **9-11**

```
1   # include < stdio. h>
2   int sum(int a[ ])
3   {
4       int i, s = 0;
5       for(i = 0; i < 10; i++)
6       {
7           s += a[i];
8       }
9       return s;
10  }
11  int main()
12  {
13      int a[10] = {1, 2, 3, 4, 5, 6, 7, 8, 9, 10};
14      int s = sum(a);
15      printf("数组 a 的所有元素之和为 %d.\n", s);
16      return 0;
17  }
```

输出:

数组 a 的所有元素之和为 55.

分析:

第 13 行:定义一个数组 a 并初始化。

第 14 行:调用函数 sum,将实参数组名 a 传递给函数 sum 的形参 a。那么,形参 a 就代表实参数组 a,因此,5～8 行的循环是将实参数组 a 的各个元素相加并将结果保存到 s 中,最终返回 s。

可能有读者会在定义 sum 函数时指定数组参数的大小,具体示例如下。

```
int sum(int a[10])
{
    ...
}
```

这样写也是可以的,但此处的 10 是没有任何意义的。因为对于函数而言,数组作为形参只是提供了数组的地址而已,并不包括数组大小的信息。

实际上,在使用数组作为函数形参时,下面两种函数定义方式是等价的:

```
int sum(int a[])
int sum(int * a)
```

后者的函数形参是一个整型的指针,代表了一个内存地址,这个内存地址处存储了要传入的整型数组的地址。如果想将数组大小的信息传入函数,就必须通过额外的参数来指定数组实参的大小。具体如例 9-12 所示。

例 9-12

```
1   # include < stdio. h>
2   int sum( int * a, int n)
3   {
4        int i, s = 0;
5        for( i = 0; i < n; i++)
6        {
7             s += a[ i];
8        }
9        return s;
10  }
11  int main()
12  {
13       int a[10] = {1, 2, 3, 4, 5, 6, 7, 8, 9, 10};
14       int s = sum(a, sizeof(a) / sizeof(a[0]));
15       printf("数组 a 的所有元素之和为 %d.\n", s);
16       return 0;
17  }
```

■ 输出:

数组 a 的所有元素之和为 55.

分析:

第 14 行:调用函数 sum 时,第一个实参数组名 a 传递给形参指针变量 a。第二个参数使用了 sizeof(a) / sizeof(a[0])来计算数组中元素的个数,sizeof(a)得到的是数组 a 实际占用的内存空间大小,将其除以每个元素占用的大小 sizeof(a[0])就可以得到数组中元素的个数。

9.8 指针数组作为函数参数

指针数组是指数组中每个元素都是一个指针,且这些指针指向相同数据类型的变量。其本质还是数组,因此,自然可以作为函数参数。指针数组定义的语法格式如下:

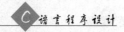

数据类型 * 数组名[常量表达式]

接下来通过一个案例来演示指针数组作为函数参数的用法,具体如例 9-13 所示。

例 9-13

```
1   # include < stdio. h>
2   void print(char * course[ ], int n)
3   {
4       int i;
5       for(i = 0; i < n; i++)
6       {
7           printf(" % s\n", course[i]);
8       }
9   }
10  int main()
11  {
12      char * a[ ] = {"C", "Java", "PHP", "HTML5"};
13      print(a, sizeof(a) / sizeof(a[0]));
14      return 0;
15  }
```

输出:

```
C
Java
PHP
HTML5
```

分析:

第 2 行:定义函数 print,它有两个参数,course 用来接收指针数组,n 用来接收指针数组的元素个数。

第 12 行:定义一个指针数组 a,它有 4 个指针成员,每个指针指向一个字符串。

第 13 行:将指针数组名 a 和数组的元素个数传递给函数 print。程序跳转到第 2 行,利用循环输出 4 个指针指向的字符串。

9.9 内部函数

当开发一个由多个源文件组成的工程时,不同的源文件中可能出现具有相同函数名的两个不同函数,在编译时,编译器将会报一个"函数被重定义"的错误。为了解决这个问题,就要用到内部函数来确定具体范围。

内部函数是指这个函数只能被同一个源文件中的其他函数所调用,而对于其他源文件中的函数而言是不可见的。定义一个内部函数,只需在函数返回值类型前加上 static

关键字,具体如例 9-14 所示。

例 9-14

1. c 文件中的内容如下:

```
1    # include < stdio. h >
2    void print(void)
3    {
4        printf("1.c 中的 print 函数\n");
5    }
6    int main()
7    {
8        print();
9        return 0;
10   }
```

2. c 文件中的内容如下:

```
1    # include < stdio. h >
2    static void print(void)
3    {
4        printf("2.c 中的 print 函数\n");
5    }
```

输出:

```
1.c 中的 print 函数
```

分析:

如果将 2. c 中的 static 关键字去掉,编译器会报“函数被重定义”的错误。加上 static 后,函数变成内部函数,作用范围只局限于 2. c,因此,不会与 1. c 中的 print 函数重名。

9.10　外 部 函 数

外部函数是指该函数可以被其他源文件中的函数所调用。使用关键字 extern 修饰的函数定义即为外部函数。具体如例 9-15 所示。

例 9-15

1. c 文件中的内容如下:

```
1    # include < stdio. h >
2    extern void print(void);
3    int main()
4    {
5        print();
6        return 0;
7    }
```

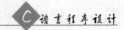

2.c 文件中的内容如下：

```
1    # include < stdio. h>
2    extern void print(void)
3    {
4        printf("2.c 中的 print 函数\n");
5    }
```

输出：

2.c 中的 print 函数

分析：

1.c 文件中的关键字 extern 告诉编译器函数 print 在其他源文件中。编译器从 2.c 源文件中找到该函数并将它的作用范围扩大到 1.c 源文件中，于是在 1.c 源文件中也可以调用 2.c 中定义的 print 函数。

另外，C 语言规定，在定义和声明外部函数时，extern 关键字是可以省略的。具体示例如下：

```
void print(void);
```

这就是通常所说的函数声明，它告诉编译器该函数在本文件中稍后定义或在其他文件中定义。在默认情况下，程序中定义和声明的函数都是外部函数。

根据上面的讲解，读者可以在主程序中自行声明 printf 函数，然后去掉对头文件 stdio. h 的包含，具体如例 9-16 所示。

例 9-16

```
1    int printf(const char  * , ...);
2    int main()
3    {
4        printf("调用 printf 函数\n");
5        return 0;
6    }
```

输出：

调用 printf 函数

分析：

本例题第 1 行没有包含 stdio. h 头文件，但声明了 printf 函数，这样编译器将从其他文件中查找该函数的定义，并将该函数的作用范围扩展到声明函数所指的文件中。因此第 4 行可以调用 printf 函数。尽管可以通过自行声明的方式实现对外部函数 printf 的调用，但建议读者还是使用提供的标准头文件，以避免出现不必要的错误。

9.11 可 变 参 数

在 C 语言编程中经常会遇到一些参数个数可变的函数，例如 printf 函数，它的声明如下：

```
int printf(const char * , ...);
```

其中，"…"表示可变参数列表，这部分的参数个数和类型是可变的，具体如例 9-17 所示。

例 9-17

```
1    # include < stdio. h>
2    int main()
3    {
4        int a = 1;
5        float b = 2.7;
6        char * p = "C language";
7        printf(" % d\n", a);
8        printf(" % d %.2f\n", a, b);
9        printf(" % d %.2f % s\n", a, b, p);
10       return 0;
11   }
```

输出：

```
1
1  2.70
1  2.70 C language
```

分析：

第 7～9 行：每次调用 printf 函数，为它传递的参数类型和个数都是不一样的，这样的函数称为可变参数函数。

9.12 全 局 变 量

全局变量是指定义在所有函数外，并且只能定义一次的变量。它作用范围是从全局变量的定义位置开始，到本源程序文件结束为止。定义或声明全局变量的语法格式如下：

[extern]类型说明符 变量名;

其中,extern 关键字定义时可以省去不写,声明时应该使用。具体如例 9-18 所示。

例 9-18

```
1   # include < stdio. h>
2   int a = 1;
3   int main()
4   {
5       printf(" % d\n", a);
6       a = 2;
7       printf(" % d\n", a);
8       {
9           int a = 3;
10          printf(" % d\n", a);
11      }
12      return 0;
13  }
```

■ 输出:

```
1
2
3
```

■ 分析:

第 2 行:定义一个全局变量 a,它的作用范围为 2~13 行。

第 5 行:打印全局变量 a 的值 1。

第 6 行:将全局变量 a 的值修改为 2。

第 7 行:打印全部变量 a 的值 2。

第 9 行:定义一个局部变量 a,它的作用范围为 9~11 行。

第 10 行:打印局部变量 a 的值 3。

9.13 外 部 变 量

一个工程由多个源文件组成,当在不同源文件中使用同一个全局变量时,首先需要在任意一个源文件中定义全局变量,然后在所有需要使用此全局变量的其他源文件中用 extern 关键字对该变量进行声明。使用 extern 关键字声明的全局变量称为外部变量。extern 关键字起到将全局变量的作用范围扩展到其他文件的作用。具体如例 9-19 所示。

例 9-19

1.c 中的内容如下：

```
1   # include < stdio. h>
2   extern int a;
3   int main()
4   {
5       printf("a =  % d\n", a);
6       return 0;
7   }
```

2.c 中的内容如下：

```
1   int a = 1;
```

输出：

```
a = 1
```

分析：

1.c 文件中通过 extern 关键字声明变量 a 后，就可以访问 2.c 中定义的全局变量 a。

9.14　静态变量

静态变量是指变量在定义时就占用存储空间，直至整个程序结束。在 C 语言中静态变量使用关键字 static 修饰。静态变量若定义时未赋初值，则在编译时，系统自动对其赋初值为 0；若定义时赋初值，则仅在编译时赋初值一次，程序运行后不再给变量赋初值。静态变量根据其作用范围可分为静态局部变量和静态全局变量。

9.14.1　静态局部变量

在局部变量前加上 static 关键字，该变量就变成了静态局部变量。函数结束时，它并不会消失，每次该函数调用时，也不会为其重新分配空间。它始终存在于全局数据区，直到程序运行结束。

静态局部变量与全局变量共享全局数据区，但静态局部变量只在定义它的函数中可见。静态局部变量与局部变量在存储位置上不同，使得其存在的时限也不同，导致这两者的运行结果也不同。具体如例 9-20 所示。

例 9-20

```
1   # include < stdio. h>
2   void print1()
3   {
4       int a = 1;
```

```
5        printf("a = %d\n", a);
6        a++;
7   }
8   void print2()
9   {
10       static int a = 1;
11       printf("a = %d\n", a);
12       a++;
13   }
14  int main()
15  {
16       print1();
17       print1();
18       print2();
19       print2();
20       return 0;
21  }
```

输出：

```
a = 1
a = 1
a = 1
a = 2
```

分析：

第16～17行：第一次调用 print1 函数，函数中有个局部变量 a，由于局部变量不会一直占用内存，当函数结束，它所占用的内存就会被释放。第二次调用 print1 函数时，局部变量 a 又分配一块新的内存，因此两次调用打印结果都为1。

第18～19行：第一次调用 print2 函数，函数中有个静态局部变量 a，它会一直占用这块内存，直到程序结束。当函数调用结束后，它的值仍然保存着，并作为下次调用该函数时该静态变量的初始值。第二次调用 print2 函数，由于第一次调用时，将 a 的值加了1，因此第二次调用时打印 a 的值为2。

9.14.2　静态全局变量

静态全局变量是指将静态变量定义在所有函数外，如果定义时没有对它初始化，则编译器默认初始化为0。其作用范围仅局限于它所处的文件中，即使使用了 extern 关键字声明其他文件也不能访问它，这是它与全局变量的区别。具体如例 9-21 所示。

例 9-21

1.c 中的内容如下：

```
1   #include <stdio.h>
2   extern int a;
3   int main()
```

```
4  {
5      printf("a = % d\n", a);
6      return 0;
7  }
```

2.c 中的内容如下：

```
1  static int a = 1;
```

分析：

1.c 中使用 extern 关键字将 a 声明为外部变量，并试图访问 2.c 中静态全局变量 a，编译结果出现"未定义变量 a"的错误。

9.15 本 章 小 结

通过本章的学习，能够掌握 C 语言中如何将函数与指针进行搭配使用，重点要了解的是指针作为函数参数的用法，它可以通过指针间接修改实参的值，这是指针存在的最大意义。

9.16 习 题

1. 填空题

(1) _____ 是函数直接或间接地调用函数自身。

(2) C 语言中函数形参的默认存储类型是 _____。

(3) 当用指针变量作为函数参数时，此时的参数传递的是 _____。

(4) 函数的指针是函数的 _____。

(5) 返回指针值的函数是 _____ 的函数。

2. 选择题

(1) 若定义函数 float * fun( )，则函数 fun 的返回值为（   ）。

    A. 一个实数   B. 一个指向实型变量的指针

    C. 一个指向实型函数的指针   D. 一个实型函数的入口地址

(2) 在一个 C 源程序文件中，要定义一个只允许本源文件中所有函数使用的全局变量，则该变量需要使用的存储类别是（   ）。

    A. auto   B. static

    C. extern   D. register

(3) 在 C 语言中，全局变量的存储类别是（   ）。

    A. static   B. extern

C. void D. registe

（4）在一个源程序文件中定义的全局变量的有效范围为（　　）。

A. 一个 C 程序的所有源程序文件　　B. 该源程序文件的全部范围

C. 从定义处开始到该源程序文件结束　D. 函数内全部范围

（5）若用数组名作为函数调用的实参，则传递给形参的是（　　）。

A. 数组的首地址 B. 数组的第一个元素的值

C. 数组中全部元素的值 D. 数组元素的个数

3．思考题

（1）函数调用可以有哪几种方式？

（2）请简述函数的递归调用及调用方式。

（3）请简述指针作为函数参数时函数传递参数的方式。

（4）请简述全局变量及其作用域。

（5）请简述静态变量及分类。

4．编程题

（1）设计一个函数，对任意 n 个整数排序，并在主函数中输入 10 个整数，调用此函数。

（2）用递归函数实现斐波那契数列，并输出其前 12 个数据。

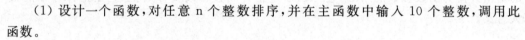

## 第 10 章

字 符 串

本章学习目标
- 掌握字符串的表示
- 熟悉字符串的输入与输出
- 掌握操作字符串函数及实现
- 理解获取命令行参数

在编写应用程序时,需要经常进行文本处理,而文本是由字符串组成的,字符串又是由多个字符组成的字符序列。

10.1 字符串表示

在汉语里,将若干个字连起来就是一个字符串,例如"千锋教育"就是一个由四个汉字组成的字符串。在深入学习字符串之前,先来了解字符串的前身——字符数组。

10.1.1 字符数组

字符数组就是用来存放字符的数组。具体示例如下:

```
char a[8] = {'q', 'i', 'a', 'n', 'f', 'e', 'n', 'g'};
```

上面的语句定义了一个长度为 8 的字符数组,并为其指定了初始值。从中可以得出,字符数组和其他数组定义方式类似,只是存储的元素类型为字符型而已。每个元素占用一个字节,具体如图 10.1 所示。

q	i	a	n	f	e	n	g

图 10.1 字符数组 a 中的元素分配情况

接下来通过一个案例来演示循环输出字符数组中的每个字符,具体如例 10-1 所示。

例 10-1

```
1   # include < stdio.h >
2   int main()
3   {
```

```
4      char a[8] = {'q', 'i', 'a', 'n', 'f', 'e', 'n', 'g'};
5      int i;
6      for(i = 0; i < sizeof(a); i++)
7      {
8          printf("%c", a[i]);
9      }
10     printf("\n");
11     return 0;
12 }
```

输出：

```
qianfeng
```

分析：

第 4 行：定义字符数组 a 并初始化。

第 6～9 行：循环输出数组 a 中的每个字符元素。

10.1.2　字符串

在各种编程语言中，字符串都是十分重要的。C 语言中并没有直接提供字符串这个特定类型，而是用特殊的字符数组来存储字符串。C 语言对于字符串做了如下规定：以空字符'\0'结尾的字符数组被称作字符串。这种字符数组也被称为 C 风格字符串。

要将上一小节中用到的字符数组转换成字符串，需要修改为下面的代码：

```
char a[] = {'q', 'i', 'a', 'n', 'f', 'e', 'n', 'g', '\0'};
```

应注意上面的语句中省略了 a 的大小。修改后，由于数组的末尾多了一个空字符，字符数组 a 的大小为 9。但是这个字符串的长度为 8，注意字符串的长度并不包括末尾空字符。此外，还可以在空字符后面添加其他字符，具体示例如下：

```
char a[] = {'q', 'i', 'a', 'n', 'f', 'e', 'n', 'g', '\0', 'h', 'i'};
```

这个字符数组的大小为 11，但由于空字符出现在字符数组的中间，因此它所表示的字符串仅仅是"qianfeng"，对应的字符串长度是 8。从字符数组的第一个字符开始，遇到第一个空字符就标志着字符串的结束。

在字符数组初始化时，这种给每个数组元素赋初值的表达未免有点烦琐。在 C 语言程序中，可以直接使用一个字符串常量对字符数组进行初始化，具体示例如下：

```
char a[9] = {"qianfeng"};
```

上例中双引号之间的是一个字符串常量。一旦这样声明，会自动在字符串常量后添加一个空字符'\0'作为字符串的结束标志,该标志总在最后一个字符之后。这意味着字符数组 a 的大小不是 8 个字节,而是 9 个字节。

注意上面的定义和下面的定义是等价的:

```
char a[9] = {'q', 'i', 'a', 'n', 'f', 'e', 'n', 'g', '\0'};
```

由定义数组的方法可知,可以在声明时省略数组大小,让编译器自动确定数组的大小,具体示例如下:

```
char a[] = {"qianfeng"};
```

接下来通过一个案例来演示字符串与字符数组之间的关系,具体如例 10-2 所示。

例 10-2

```
1    # include < stdio. h >
2    int main()
3    {
4        char a[] = {"qianfeng"};
5        int i;
6        printf("sizeof(a) = %d\n", sizeof(a));
7        for (i = 0; i < sizeof(a); i++)
8        {
9            printf("%p a[%d] = %d\n", &a[i], i, a[i]);
10       }
11       return 0;
12   }
```

■ 输出:

```
sizeof(a) = 9
0028FF13 a[0] = 113
0028FF14 a[1] = 105
0028FF15 a[2] = 97
0028FF16 a[3] = 110
0028FF17 a[4] = 102
0028FF18 a[5] = 101
0028FF19 a[6] = 110
0028FF1A a[7] = 103
0028FF1B a[8] = 0
```

分析:

第 6 行:打印字符数组 a 所占的字节数。

第 7～10 行:通过 for 循环输出每个元素在内存中的地址及对应的值。

另外,还可以用更简洁的方法来定义字符数组,即省略字符串常量前后的大括号,具

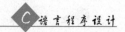
体示例如下：

```
char a[] = "qianfeng";
```

10.1.3　字符串与指针

在第 9 章中，数组名可以当作指针使用，指针也可以被直接用来访问数组中的元素。字符型指针可以使用 char * 来定义，它既可以指向一个字符型变量，也可以指向整个字符串。具体示例如下：

```
char * p = "qianfeng";
```

上例中字符指针 p 既指向了字符'q'，又指向了字符串"qianfeng"，这是因为字符'q'位于字符串"qianfeng"的起始处，由于 p 指向的是字符串"qianfeng"所在的内存地址的起始位置，因此它也是指向字符'q'的字符指针。

接下来通过一个案例来演示用同一个字符指针访问指向的字符和字符串，具体如例 10-3 所示。

例 10-3

```
1    # include < stdio. h >
2    int main()
3    {
4        char * p = "qianfeng";
5        printf("通过 p 访问单个字符: % c\n", * p);
6        printf("通过 p 访问整个字符串: % s\n", p);
7        return 0;
8    }
```

■ 输出：

```
通过 p 访问单个字符: q
通过 p 访问整个字符串: qianfeng
```

▤ 分析：

第 5 行：使用取值操作符 * 从指针 p 指向的地址取得了字符'q'并输出，这是通过字符指针访问了单个字符的例子。

第 6 行：将整个字符指针直接传递给 printf 函数，由格式化输出参数％s 输出整个字符串，这是通过字符指针访问了整个字符串的例子。

此外，还可以通过字符指针遍历整个字符串中的每个字符，进而对字符串进行操作。由于 C 风格字符串总是以空字符'\0'结尾，因此在循环时没必要提前获取整个字符串的长度，只要每次循环开始之前判断当前位置是否为空字符即可。如果是空字符，则结束循环。具体如例 10-4 所示。

例 10-4

```
1    # include < stdio.h >
2    int main()
3    {
4        char a[] = "qianfeng";
5        char * p = a;
6        printf("变换前的字符串: \n");
7        while( * p != '\0')
8        {
9            printf(" % c", * p);
10           ( * p) -= 'a' - 'A';
11           p++;
12       }
13       printf("\n");
14       printf("变换后的字符串: \n");
15       p = a;
16       while( * p != '\0')
17       {
18           printf(" % c", * p);
19           p++;
20       }
21       printf("\n");
22       return 0;
23   }
```

输出：

```
变换前的字符串:
qianfeng
变换后的字符串:
QIANFENG
```

分析：

第 5 行：指针 p 被初始化为指向字符数组 a。

第 7~12 行：每次循环时，p 指向的字符减去'a'-'A'，且 p 自身也被加 1。在最后一次循环完成之后，p 指向整个字符数组的最后一个字节，即空字符。

第 15 行：将指针 p 重新指到字符数组首部。

第 16~20 行：通过循环输出字符数组中的每个字符。

可能有读者在编写程序时，将上例中的第 4、5 行写成如下：

```
char * p = "qianfeng";
```

编译时编译器没报错，但运行时，程序崩溃了。这是因为在声明时，使用字符串初始化的字符数组和字符指针是不一样的。编译器认为使用字符串初始化的字符数组仍然是一个普通数组,而一般而言,普通数组应当是可修改的,因此编译器会将字符数组放在可修改的程序区域内;但使用字符串常量初始化字符指针时,实际上编译器会将字符串常量放在程序的常量区中,然后将字符指针指向那个字符串常量的开头。由于程序的常量区是只读的,因此在通过指针来修改第一个字符的值的时候,程序就发生了错误。

10.2　字符串输入

除了在声明变量时通过初始化的方式来定义字符串外,还可以通过 C 语言提供的形形色色的字符串输入函数来获得字符串,常见的字符串输入函数如表 10.1 所示。

表 10.1　C 语言中的字符串输入函数

函　数　名	描　　述
gets	从控制台读入用户输入的字符串
fgets	从控制台或文件中读入用户输入的字符串(fgets 函数将在第 12 章中介绍)
scanf	根据一定的格式读入数据(包括字符串)

10.2.1　gets 函数

gets 函数可以用来从控制台读入用户输入的字符串。其原型如下:

```
char * gets(char * str);
```

函数 gets 接收一个字符指针作为参数,这个指针应指向已经分配好空间的一个字符数组。它读入用户输入的字符串,直到遇到回车为止,并把换行符之前的所有字符读进来(不包括换行符本身),在字符串的末尾添加一个空字符'\0',用来标记字符串的结束,最后将这个字符串的指针作为返回值返回,同时将用户输入的换行符丢弃。如果下一次调用 gets 读取数据时,将不会读入之前的换行符。

C 语言并没有规定 gets 函数能接受字符串的最大长度,也不能先接收一个字符串,自动为其分配好空间,再将得到的字符串返回。这就要求编程者在调用 gets 函数之前,先声明一个有足够空间的字符数组。例如,要通过 gets 函数接收一个邮箱号,假设邮箱的字符长度不超过 25,那么只需定义一个长度为 25 的字符数组即可。接下来通过一个案例来演示接收用户输入的一个邮箱号并打印,具体如例 10-5 所示。

例 10-5

```
1    # include < stdio. h>
2    int main()
3    {
4        char mail[25];
```

```
5        printf("请输入邮箱号：");
6        gets(mail);
7        printf("您的邮箱号是：% s。\n", mail);
8        return 0;
9    }
```

输出：

请输入邮箱号：qianfeng@1000phone.com
您的邮箱号是：qianfeng@1000phone.com。

此外还可以使用 malloc 函数为字符数组分配空间，使用完后要调用 free 函数进行释放。具体如例 10-6 所示。

例 10-6

```
1    # include < stdio. h >
2    # include < stdlib. h >
3    int main()
4    {
5        char * mail = (char * )malloc(25);
6        printf("请输入邮箱号：");
7        gets(mail);
8        printf("您的邮箱号是：% s。\n", mail);
9        free(mail);
10       return 0;
11   }
```

输出：

请输入邮箱号：qianfeng@1000phone.com
您的邮箱号是：qianfeng@1000phone.com。

分析：

第 5 行：使用 malloc 函数为输入的字符串分配内存空间。

第 9 行：释放 malloc 函数分配的内存空间。

使用 gets 函数的关键在于必须预先分配足够的内存空间。如果分配的内存空间不足，就会导致 gets 向目标地址写入过多的数据，从而使程序崩溃，这种错误称为缓冲区溢出。

此外需要注意的是，gets 函数将传入的字符指针参数作为函数调用的返回值传出。因此，下面的代码是错误的：

```
char * mail = (char * )malloc(25);
char * p = gets(mail);
free(mail);
free(p);
```

10.2.2　scanf 函数读入字符串

在前面的章节中已经学习过了 scanf 函数的基本用法，scanf 函数和 gets 函数的最大不同在于：scanf 函数是基于单词读入而不是基于整个字符串读入的。scanf 函数读取的终止条件是遇到第一个空白字符（包括空格、制表符、换行符等等）停止读取，而 gets 函数则是在第一个换行符处停止读取。在返回值上，scanf 返回的是成功读取的单词数量或者 EOF，而 gets 返回的是传入的指向字符数组的指针。

另外，scanf 函数支持控制输入字符串的最大长度，即对每一个格式字符串指定其最大长度，具体示例如下：

```
scanf("%25s %25s %25s", mail1, mail2, mail3);
```

上例中试图读入三个以空白字符分隔的字符串，每个字符串的最大长度为 25。如果某个字符串的长度小于或等于 25，那么它将被直接读入指定的字符数组中；否则这个字符串将被分割成两个或多个字符串加以处理。注意这里的"最大长度"是指字符串的长度，而不是对应的字符数组的长度。

接下来通过一个案例来演示 scanf 函数读入指定大小字符串，具体如例 10-7 所示。

例 10-7

```
1    #include <stdio.h>
2    int main()
3    {
4        char mail1[25], mail2[25], mail3[25];
5        printf("请输入三个邮箱号码,每个号最长25: \n");
6        scanf("%25s %25s %25s", mail1, mail2, mail3);
7        printf("您输入的邮箱号分别为: \n");
8        printf("%s\n%s\n%s\n", mail1, mail2, mail3);
9        return 0;
10   }
```

⌨ 输入：

```
请输入三个邮箱号码,每个号最长25:
qianfeng@1000phone.com
xiaoqian@1000phone.com
xiaofeng@1000phone.com
```

▣ 输出：

```
您输入的邮箱号分别为:
qianfeng@1000phone.com
xiaoqian@1000phone.com
xiaofeng@1000phone.com
```

📄 **分析：**

第 6 行：通过 scanf 函数读入用户输入的三个邮箱号，每个号最长为 25。

第 8 行：打印输入的三个邮箱号。

如果输入的三个邮箱号如下：

```
qianfengjiaoyu@1000phone.com xiaoqian@1000phone.com xiaofeng@1000phone.com
```

🖥 **输出：**

```
您输入的邮箱号分别为：
qianfengjiaoyu@1000phone.
com
xiaoqian@1000phone.com
```

由于输入的第一个邮箱号超过最大长度 25，因此只有前 25 个字符被读取到第一个字符数组中，下一个字符串从上一个邮箱号读取结束的地方继续读取，最后一个邮箱号就被舍弃了。

10.3　字符串输出

上一节中介绍了字符串输入的相关函数，与之对应，C 语言还提供了字符串输出相关的函数，如 puts、fputs 和 printf 等。本节将介绍 puts 函数的用法。

puts 函数的作用是输出一整行字符串，并在最后添加换行符 '\n'。注意 printf 函数不会在字符串的末尾添加 '\n'。

puts 函数的原型如下：

```
int puts(const char * str);
```

puts 只接收一个参数，就是要输出的字符串的指针。调用成功，则返回一个非负数；调用失败，则返回 EOF。

接下来通过一个案例演示 puts 函数输出字符串，具体如例 10-8 所示。

例 10-8

```
1   # include < stdio. h >
2   int main()
3   {
4       char a[] = "qianfeng";
5       puts(a);
6       printf(" % s", a);
7       printf(" ----- ");
8       return 0;
9   }
```

■ 输出：

```
qianfeng
qianfeng-----
```

分析：

第 5 行：调用 puts 函数输出字符串 a，从输出结果可发现，后面多了一个换行。

第 7 行：调用 printf 函数输出字符串 a，从输出结果可发现，后面并没有换行。

10.4　操作字符串

C 语言提供了很多操作字符串的库函数，用来进行字符串比较、查找、连接、转换等功能。当程序中需要进行字符串操作时，不必每次都去实现这些函数，只需调用它们即可。它们的声明都位于头文件 string. h 中，因此在使用之前，需要在程序中包含 string. h 头文件。

10.4.1　获取字符串的长度

C 语言中可以使用 strlen 函数获取字符串的长度，其原型如下：

```
size_t strlen(const char * str);
```

其中，参数 str 为待测量的字符串，函数返回字符串的长度，不包括末尾的空字符 '\0'。一般而言，返回类型 size_t 在 32 位程序中被定义为 unsigned int，即无符号整数，因此要特别注意 size_t 类型的值是不会小于 0 的。

接下来通过一个案例来演示 strlen 函数的用法，具体如例 10-9 所示。

例 10-9

```
1   # include < stdio. h >
2   # include < string. h >
3   int main()
4   {
5       char str[ ] = "qian feng";
6       size_t l;
7       l = strlen(str);
8       printf("l =  % d\n", l);
9       return 0;
10  }
```

■ 输出：

```
l = 9
```

📝 **分析：**

第 2 行：strlen 函数在头文件 string.h 中声明。

第 7 行：调用 strlen 函数并将返回值赋值给变量 l（注意字母 l 与数字 1 的区别）。

10.4.2　字符串比较

在 C 语言中比较两个字符串 char str1[]和 char str2[]，不能写成如下代码：

```
str1 == str2
```

因为 str1 和 str2 是两个不同的字符数组，上述语句实际上是在比较两个字符数组的地址是否相等，因此上述语句总是返回 false。

在 C 语言中，用于字符串比较的函数主要有 strcmp、strncmp、stricmp 与 strnicmp 这四个，下面将详细介绍前两个函数。

1. strcmp 函数

在 C 语言中，函数 strcmp 用于比较两个字符串的内容是否相等。其函数原型如下所示：

```
int strcmp(const char * str1, const char * str2);
```

如果两个字符串不完全相同，则函数 strcmp 返回一个非零值；如果两个字符串相同，则返回 0。因此，只要判断 strcmp 的返回值就可以确定两个字符串是否相等了。

接下来通过一个案例来演示登录程序中 strcmp 函数的使用，具体如例 10-10 所示。

例 10-10

```
1    # include < stdio. h >
2    # include < string. h >
3    int main()
4    {
5        char username[1024];
6        char password[1024];
7        printf("\t 登录\n");
8        while(1)
9        {
10           printf("请输入用户名：");
11           gets(username);
12           printf("请输入密码：");
13           gets(password);
14           if(!strcmp(username, "qianfeng") && !strcmp(password, "12345"))
15           {
16               printf("用户 %s 登录成功!\n", username);
17               break;
```

```
18              }
19          else
20          {
21              printf("登录失败,请检查用户名或密码是否正确输入。\n");
22          }
23      }
24      return 0;
25  }
```

⌨ 输入：

　　登录
请输入用户名：qianfeng
请输入密码：123

🖥 输出：

登录失败,请检查用户名或密码是否正确输入。

⌨ 输入：

请输入用户名：qianfeng
请输入密码：12345

🖥 输出：

用户 qianfeng 登录成功!

📃 分析：

第 14 行：调用 strcmp 函数将用户输入的用户名、密码与字符串"qianfeng""12345"进行比较,如果相等返回 0,再取非为 1。

2. strncmp 函数

函数 strncmp 可以用来比较前 n 个字符是否完全一致。其函数原型如下所示：

```
int strncmp(const char * str1, const char * str2, size_t n);
```

参数 n 表示要比较的最大字符个数。如果字符串 str1 和 str2 的长度都小于 n,那么就相当于直接调用 strcmp 进行字符串比较。

接下来通过一个案例来演示 strncmp 函数的用法,具体如例 10-11 所示。

例 10-11

```
1   # include < stdio. h>
2   # include < string. h>
3   int main()
4   {
5       char str1[25] = "xiao qian", str2[25] = "xiao feng";
6       if(!strncmp(str1, str2, 5))
7       {
8           printf("%s 与 %s 前 5 个字符相同。\n", str1, str2);
9       }
10      else
11      {
12          printf("%s 与 %s 前 5 个字符不相同。\n", str1, str2);
13      }
14      return 0;
15  }
```

输出：

xiao qian 与 xiao feng 前 5 个字符相同。

分析：

第 6 行：通过调用 strncmp 函数比较 str1 与 str2 前 5 个字符是否相同。

10.4.3　字符串查找

C 语言提供的字符串查找操作的函数有 strchr、strrchr 和 strstr。本小节将详细介绍这三个函数的使用方法。

1. strchr 函数

函数 strchr 用来查找在一个字符串中某个字符第一次出现的位置。其函数原型如下所示：

```
char * strchr(const char * str, int c);
```

参数 str 是要扫描的字符串，参数 c 是需要查找的字符。如果字符串 str 中包含字符 c，则 strchr 返回一个指向字符 c 第一次出现位置的字符指针；否则返回空指针，表明字符串 str 中不包含字符 c。

接下来通过一个案例来演示 strchr 函数的用法，具体如例 10-12 所示。

例 10-12

```
1   # include < stdio. h>
2   # include < string. h>
```

```
3   int count(char * str, char c)
4   {
5       int n = 0;
6       char * p = str;
7       while((p = strchr(p, c)) != NULL)
8       {
9           p++;
10          n++;
11      }
12      return n;
13  }
14  int main()
15  {
16      char str[1024];
17      int c;
18      int n;
19      printf("请输入要扫描的字符串: ");
20      gets(str);
21      printf("请输入要查找的字符: ");
22      c = getchar();
23      n = count(str, (char)c);
24      printf("字符 %c 在字符串 %s 中出现了 %d 次。\n", c, str, n);
25      return 0;
26  }
```

输入:

请输入要扫描的字符串: qianfeng
请输入要查找的字符: n

输出:

字符 n 在字符串 qianfeng 中出现了 2 次。

分析:

第 7~11 行: 通过 while 循环反复调用 strchr 函数来查找字符, 若找到, 就将指向字符串的指针往后移动一位, 在剩余的字符串中查找, 直到 strchr 函数返回 NULL, 表明没有要查找的字符了。

2. strrchr 函数

strrchr 函数的原型如下所示:

```
char * strrchr(const char * str, int c);
```

它的用法与 strchr 函数类似,不同之处在于它的返回值是返回一个指向字符 c 最后一次出现位置的字符指针。具体如例 10-13 所示。

例 10-13

```
1   # include < stdio. h>
2   # include < string. h>
3   int main()
4   {
5       char str[] = "qianfeng";
6       char c = 'n', * p = str;
7       p = strrchr(str, c);
8       if(p)
9       {
10          printf("字符 % c 最后一次出现的位置为: % d\n", c, p - str);
11      }
12      else
13      {
14          printf("没找到该字符\n");
15      }
16      return 0;
17  }
```

输出:

字符 n 最后一次出现的位置为: 6

分析:

第 7 行:在字符串"qianfeng"中查找字符 n 最后一次出现的位置,找到返回指向该字符的指针,否则返回 NULL,结果保存在指针 p 中。

第 10 行:打印字符 n 最后一次出现的位置,位置是从 0 开始计算的,此处 6 代表第 7 位。p-str 表示地址差,p 保存的是最后一次出现字符 n 的地址,str 是字符数组中第一个字符的地址,两者的差表示字符 n 与数组中开始位置的距离,即字符 n 的元素下标。

3. strstr 函数

上面两个函数都只能查找字符串中的某个字符,而 strstr 函数可以实现在字符串中查找另一个字符串第一次出现的位置。其函数原型如下所示:

```
char * strstr(const char * str1, const char * str2);
```

参数 str1 是被扫描的字符串,参数 str2 是要查找的字符串。如果在字符串 str1 中找到了字符串 str2 第一次出现的位置,则返回该位置的指针;否则返回空指针。

接下来通过一个案例来演示 strstr 函数的用法,具体如例 10-14 所示。

例 10-14

```
1    # include < stdio. h >
2    # include < string. h >
3    int main()
4    {
5        char * str1 = "qianfengjiaoyu", * str2 = "feng";
6        char * p = strstr(str1, str2);
7        if(p)
8        {
9            printf("查找到字符串的位置为: % d\n", p - str1);
10       }
11       else
12       {
13           printf("没找到字符串\n");
14       }
15       return 0;
16   }
```

输出:

查找到字符串的位置为: 4

分析:

第 9 行: p-str1 表示地址差, p 保存的是在字符串 str1 中找到字符串 str2 第一次出现位置的地址, str1 是字符数组中第一个字符的地址, 两者的差表示 str2 在 str1 中的位置。

10.4.4 字符串连接

C 语言提供的连接字符串操作的函数有 strcat 和 strncat。本小节将详细介绍这两个函数的使用方法。

1. strcat 函数

strcat 函数用来实现字符串的连接, 即将一个字符串连接到另一个字符串的后面。其原型如下所示:

```
chat * strcat(char * dest, const char * src);
```

参数 dest 为指向目的字符数组的指针, 参数 src 为指向源字符数组的指针, 返回值为指向目的字符数组的指针。上面的语句表示将指针 src 指向的字符串连接到指针 dest 指向的字符串后面。编程者在调用之前需要保证 dest 指向的字符数组中有足够的空间来存储连接之后的字符串, 否则会造成缓冲区溢出的问题。

接下来通过一个案例来演示 strcat 函数的用法,具体如例 10-15 所示。

例 10-15

```
1   # include < stdio. h >
2   # include < string. h >
3   int main()
4   {
5       char dest[1024] = "qian", src[] = "feng";
6       char * p = strcat(dest, src);
7       puts(dest);
8       puts(p);
9       return 0;
10  }
```

输出:

```
qianfeng
qianfeng
```

分析:

第 6 行:调用 strcat 函数,将字符串 src 连接到字符串 dest 后面,并将函数返回值赋值给字符指针 p。

第 7 行:输出字符数组 dest。

第 8 行:输出指针 p 指向的字符串。

2. strncat 函数

strncat 函数的原型如下所示:

```
char * strncat(char * dest, const char * src, size_t n);
```

strncat 函数除了接收两个字符数组 src 和 dest 之外,还接收第三个参数 n。n 表示最多从 src 指向的字符数组中取多少个字符连接到 dest 指向的字符串之后。这样编程者就可以控制要连接的字符串的总长度,使其不超过目的字符数组的长度,从而避免缓冲区溢出的问题。

接下来通过一个案例来演示 strncat 函数的用法,具体如例 10-16 所示。

例 10-16

```
1   # include < stdio. h >
2   # include < string. h >
3   int main()
4   {
5       char dest[1024] = "qian", src[] = "feng";
```

```
6        strncat(dest, src, sizeof(dest) - strlen(dest) - 1);
7        puts(dest);
8        return 0;
9    }
```

■ 输出：

```
qianfeng
```

■ 分析：

第 6 行：sizeof(dest)-strlen(dest)-1 用来计算字符数组 dest 连接时剩余多少字节可以使用。

10.4.5 字符串复制

C 语言中，字符串的复制可以使用函数 strcpy 来实现，其原型如下所示：

```
char * strcpy(char * dest, const char * src);
```

上面语句表示将指针 src 指向的字符数组复制到指针 dest 指向的字符数组，返回值为指向目的字符数组的指针。注意 dest 和 src 都不一定是字符串的开头，它们可以是字符串中任意一个位置。接下来通过一个案例来演示 strcpy 函数的用法，具体如例 10-17 所示。

例 10-17

```
1    # include < stdio. h >
2    # include < string. h >
3    int main()
4    {
5        char dest[1024] = "qian", src[] = "feng";
6        strcpy(dest, src);
7        puts(dest);
8        strcpy(dest, src + 1);
9        puts(dest);
10       return 0;
11   }
```

■ 输出：

```
feng
eng
```

■ 分析：

第 6 行：将字符数组 src 复制到字符数组 dest 中。

第 8 行：将字符数组 src 从第 2 个字符起复制到字符数组 dest 中。

10.4.6　字符与字符串的转换

C 风格字符串实质上是字符数组，数组中每个元素都是一个字符。因此在字符和字符串之间进行转换是很容易的。

将字符转换成字符串时，首先需要创建一个长度为 2 的字符数组；其次将第一个元素设置为对应的字符，第二个元素设置为空字符。例如，有一个字符型变量 char c = 'A'，若想将该变量转换为对应的字符串，则可以使用下面的语句，具体示例如下：

```
char c_str[2] = {c, '\0'};
```

对于变量转换为对应的字符串也可用另外一种形式，具体示例如下：

```
char c_str[2];
c_str[0] = c;
c_str[1] = '\0';
```

而要将长度为 1 的字符串转换为字符就更简单了，只需将字符串的第一个字符赋给字符型变量即可，具体示例如下：

```
char c_str[] = "A";
char c = c_str[0];
```

10.4.7　数字与字符串的转换

在 C 语言中将字符串转换为整数通过 atoi 函数，而将整数转换成字符串通过 sprintf 函数来实现，接下来将详细讲解这两个函数的用法。

1. 将字符串转换为整数

函数 atoi 可以将一个数字字符串转换为对应的十进制数。其函数原型如下所示：

```
int atoi(const char * str);
```

atoi 接收一个数字字符串作为输入，若转换成功，则返回转换后的十进制整数；若失败，则返回 0。

接下来通过一个案例来演示 atoi 函数的用法，具体如例 10-18 所示。

例 **10-18**

```
1   # include < stdio. h>
2   # include < stdlib. h>
3   int main()
4   {
```

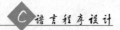

```
5     char str[] = "12345";
6     int num = atoi(str);
7     printf("转换后的十进制数是 %d\n", num);
8     return 0;
9  }
```

输出:

转换后的十进制数是 12345

分析:

第 2 行:atoi 的声明位于 stdlib.h 中,因此需要包含 stdlib.h 头文件。

2. 将整数转换为字符串

sprintf 函数可以将整数转换成字符串,其函数的作用是把格式化的数据写入某个字符串中。它的用法与 printf 函数类似,只是输出的目的地不同而已,前者输出到字符串中,后者输出到命令行上。sprintf 函数原型如下所示:

```
int sprintf(char * buffer, const char * format, [argument] … );
```

其中 buffer 是指向字符数组的指针;format 是格式化字符串;[argument]…为可选参数,可以是任何类型的数据。它的返回值为字符串 buffer 的长度,出错则返回 −1。

接下来通过一个案例来演示 sprintf 函数的用法,具体如例 10-19 所示。

例 10-19

```
1   # include < stdio.h >
2   int main()
3   {
4       char buf[1024];
5       int a = 12345;
6       int num = sprintf(buf, "%d", a);
7       printf("%s\n", buf);
8       printf("num = %d\n", num);
9       return 0;
10  }
```

输出:

```
12345
num = 5
```

分析:

第 6 行:通过 sprintf 函数将整数 12345 转换为十进制表示法下的字符串。

第 8 行：打印出 sprintf 函数的返回值 5，即字符串 buf 的长度。

10.5　通过命令行传递参数

控制台应用程序是指直接运行在控制台中的程序，没有常见的图形用户界面 (Graphic User Interface，GUI)。在控制台中，用户输入用来运行程序的命令，控制台环境又被称为命令行环境。例如例 10-19 中源文件经编译最终生成的可执行文件为 test. exe，那么只要输入 test. exe 或 test 即可直接执行程序，如图 10.2 所示。

图 10.2　控制台环境

命令行环境下，用户可以通过为程序提供命令行参数来向程序中传递信息，具体示例如下：

```
D:\test a b
```

上面命令表示在运行程序时提供了两个额外的参数"a"和"b"，它们可以被 C 语言程序中主函数的参数 argv 以字符串的形式获取，此时主函数的声明如下：

```
int main(int argc, char * argv[]);
```

argc 表示当前总共有多少个参数。一般而言，程序运行时至少有一个参数，即第一个参数保存了当前程序的路径。从第二个参数开始才是用户提供的自定义参数。argv 则是一个字符串数组，从 argv[0] 至 argv[argc － 1] 分别指向每个参数。

在上面的示例中，argc 和 argv 的值如表 10.2 所示。

表 10.2　示例中 argc 和 argv 的值

变　　量	值	变 量 类 型
argc	3	int
argv[0]	"D:\test"	char *
argv[1]	"a"	char *
argv[2]	"b"	char *

接下来通过一个案例来演示命令行传递参数的用法，具体如例 10-20 所示。

例 10-20

```
1   # include < stdio. h>
2   # include < stdlib. h>
3   int main(int argc, char * argv[])
```

```
4   {
5       int a,b;
6       if(argc != 3)
7       {
8           printf("请输入 test a b 的格式。\n");
9           return -1;
10      }
11      a = atoi(argv[1]);
12      b = atoi(argv[2]);
13      printf("第一个参数为%s\n", argv[0]);
14      printf("%d + %d = %d\n", a, b, a + b);
15      return 0;
16  }
```

要运行这个程序，需要先编译成可执行文件，然后到程序的目录下运行。

■ 输出：

```
D:\com\1000phone\chapter10\10-20\Debug>10-20 3 4
第一个参数为 10-20
3 + 4 = 7
```

■ 分析：

第 6~10 行：判断参数的个数，如果不等于 3，就返回－1。

第 11 行：将命令行第二个参数转换成十进制整数并赋值给变量 a。

第 12 行：将命令行第三个参数转换成十进制整数并赋值给变量 b。

第 13 行：打印出第一个参数 argv[0]。

10.6　字符串函数的实现

在编写程序时，经常需要处理字串，因此程序员必须清楚前面讲解的字符串函数是如何实现的。本节将介绍字符串函数 strlen、strcat、strcmp 的实现。

10.6.1　strlen 函数的实现

strlen 函数的功能是获得字符串的长度，它是这样实现的：

(1) 定义一个字符指针，使该指针指向字符串的首地址。

(2) 用一个循环遍历字符串，使字符指针指向字符串结束标志。

(3) 用此时字符指针中存储的地址减去字符串的首地址就得到了字符串的长度。

实现如例 10-21 所示。

例 10-21

```
1   #include<stdio.h>
2   size_t my_strlen(const char * str)
```

```
3  {
4      const char * p = str;
5      if(str == NULL)
6      {
7          return 0;
8      }
9      while( * p++);
10     return (p - str - 1);
11 }
12 int main(int argc, char * argv[ ])
13 {
14     char * str = "qianfeng";
15     int num = my_strlen(str);
16     printf(" % d\n", num);
17     return 0;
18 }
```

输出：

8

分析：

第 9 行：这是一个 while 循环，* p ＋＋首先取 * p 值，接着让指针 p 加 1，由于 while 的语句块为空，因此条件为真时，什么也不执行。当循环结束后，指针 p 指向 '\0' 的下一个字节处。

第 10 行：p－str－1 表示字符串的长度。

10.6.2 strcat 函数的实现

strcat 函数的功能是连接两个字符串，它是这样实现的：

(1) 找到第 1 个字符串的结尾。

(2) 将第 2 个字符串的所有字符依次复制到第 1 个字符串的结尾处。

(3) 添加字符串结束标志。

实现如例 10-22 所示。

例 10-22

```
1  # include < stdio. h >
2  char * my_strcat(char * dest, const char * src)
3  {
4      char * p = dest;
5      const char * q = src;
6      if((dest == NULL) || (src == NULL))
7      {
8          return NULL;
9      }
```

```
10      while( * p != '\0')
11      {
12          p++;
13      }
14      while( * q != '\0')
15      {
16          * p++ =  * q++;
17      }
18      * p = '\0';
19      return dest;
20  }
21  int main(int argc, char * argv[])
22  {
23      char dest[1024] = "qian", * src = "feng";
24      printf(" % s\n", my_strcat(dest, src));
25      return 0;
26  }
```

输出：

```
qianfeng
```

分析：

第 10～13 行：通过 while 循环使指针 p 指向字符数组 dest 中'\0'的位置。

第 14～17 行：通过 while 循环将 q 指向的字符串中所有的字符赋值到字符串 dest 的末尾。

第 18 行：为连接后的字符串添加字符串结束标志。

10.6.3　strcmp 函数的实现

strcmp 函数的功能是比较两个字符串，它是这样实现的：

（1）比较两个字符串中的第一个字符，如果相等，那么继续比较下一个字符，直到不相等为止。

（2）如果不相等，则对两个字符执行相减操作，并返回差值。

实现如例 10-23 所示。

例 10-23

```
1   # include < stdio. h >
2   int my_strcmp(const char * str1, const char * str2)
3   {
4       const char * p = str1;
5       const char * q = str2;
6       if((str1 == NULL) || (str2 == NULL))
```

```
7     {
8         return ;
9     }
10    while ( * p && * q && ( * p ==  * q))
11    {
12        p++;
13        q++;
14    }
15    return * p -  * q;
16 }
17 int main(int argc, char * argv[])
18 {
19    char * str1 = "qian", * str2 = "feng";
20    if(!my_strcmp(str1, str2))
21    {
22        printf("字符串相同。\n");
23    }
24    else
25    {
26        printf("字符串不相同。\n");
27    }
28    return 0;
29 }
```

■ 输出：

字符串不相同。

 分析：

第 10～14 行：通过 while 循环比较两个字符串中的字符，当两个字符不是字符串结束标志并且相等时，比较下一个字符。

第 15 行：如果 * p 大于 * q，则返回值大于 0；如果 * p 等于 * q，则返回值等于 0；如果 * p 小于 * q，则返回值小于 0。

10.7　本章小结

通过本章的学习，能够掌握 C 语言字符串的使用方法，重点要了解的是字符串在实际开发中会经常使用到，例如，用户输入用户名和密码登录账号，判断是否为合法用户，以字符串方式读入用户名和密码，再通过 strcmp 函数，判断用户名与密码是否匹配。

10.8 习　　题

1. 填空题

(1) 调用 strlen("abcd\0ef\ng\0")的结果为_____。

(2) 当接收用户输入的含有空格的字符串时,应使用_____函数。

(3) 执行语句"char a[10]={"abcd"}; * p=a;"后,(p+4)的值是_____。

(4) 若声明"char a[15]= "Windows-10x";",则"printf("%s",a+8);"的输出结果为_____。

(5) 字符串"ABCD"在内存占用的字节数是_____。

2. 选择题

(1) 在 C 语言中,以(　　)作为字符串结束标志。

    A. '\n'　　　　　　　　B. '\0'　　　　　　　　C. '0'　　　　　　　　D. ' '

(2) 比较两个字符串 s1 和 s2 是否相等,下列语句正确的是(　　)。

    A. if(s1 = s2)　　　　　　　　　　B. if(s1 == s2)

    C. if(strcpy(s1, s2))　　　　　　　　D. if(strcmp(s1,s2) == 0)

(3) 若有以下数组定义"char ch[]="qianfeng_2017\n";",则数组 ch 的存储长度是(　　)。

    A. 11　　　　　　　　B. 12　　　　　　　　C. 13　　　　　　　　D. 14

(4) 设有数组定义"char array[] = "China";",则 strlen(array)的值为(　　)。

    A. 4　　　　　　　　B. 5　　　　　　　　C. 6　　　　　　　　D. 7

(5) 设有数组定义"char array[8]= "China";",则数组 array 占用(　　)个字节。

    A. 4　　　　　　　　B. 5　　　　　　　　C. 6　　　　　　　　D. 8

3. 思考题

(1) 什么是字符串?

(2) 请简述 C 语言表示字符串的方法。

(3) 如何输入输出字符串?

(4) 如何使用标准库函中的字符串函数?

4. 编程题

(1) 编程实现由键盘任意输入字符串,对其加密。加密原则为:如果为字母,则将其循环右移 2 个字母,其他字符保持不变。

(2) 编程实现由键盘任意输入 10 名学生的姓名(以拼音形式),将它们按 ASCII 的顺序从小到大排序。

第 11 章

基本数据结构

本章学习目标
- 理解栈
- 理解队列
- 熟练掌握结构体
- 理解链表
- 理解 union 共同体

在前面的章节中讲解了 C 语言的基础知识,侧重于程序的算法设计,所涉及的运算对象是简单的整型、实型或字符型数据,但随着计算机应用领域的不断扩大,数据元素之间的相互关系也无法用数学方程式描述,这就需要设计合适的数据结构,数据结构是计算机存储、组织数据的一种方式,数组是最简单的数据结构,还有一些基本的数据结构,如栈、队列和链表,这些数据结构有着自己的特性,合理利用这些数据结构可以在程序中起到事半功倍的效果。

11.1 栈

在实际生活中会经常遇到一些"后进先出"的场景,例如,学习委员每周会收取同学们的作业本,先交的作业本放在最下面,最后交的作业本放在最上面,老师批改作业时,最先批改的是最上面的作业本,最后批改的是最下面的作业本,即后交的作业本先被批改。在 C 语言中把满足"后进先出"原则的数据结构称为栈,如图 11.1 所示。

图 11.1 中,a_1 称为栈底元素,a_n 称为栈顶元素,进栈的顺序为 a_1、a_2、……、a_n,出栈的顺序为 a_n、……、a_2、a_1,这些元素在存取的过程中遵循"后进先出"的原则。

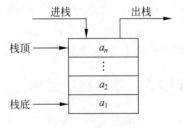

图 11.1 栈示意图

11.1.1 定义栈

在 C 语言中可以用数组来模拟栈。具体示例如下:

```
1    # include < stdio. h >
2    # define STACK_SIZE    1024
3    int bottom, top;                    //栈底和栈顶
4    int stack[STACK_SIZE];              //int 类型的数组用来实现栈
5    int main()
6    {
7        bottom = 0;
8        top = 0;
9        return 0;
10   }
```

分析：

第 2 行：定义了宏 STACK_SIZE，并将它的值设为 1024。

第 3 行：定义了两个全局变量 bottom 和 top，分别存储栈底和栈顶的位置，栈底是固定不变的，栈顶随着进栈和出栈的操作而变化。在本节中，约定 top 存储栈中即将加入的新元素的位置，即栈中已有元素的下标为 0、1、2 到 top−1。根据约定，当 bottom 和 top 的值都为 0 时，这个栈就是空的。

第 4 行：定义了一个全局的整型数组 stack，它的长度为 STACK_SIZE。

第 7～8 行：在进入 main 函数之后，将 bottom 和 top 都初始化为 0，表示这是一个空栈。

11.1.2　向栈中加入新元素

push 函数实现了向栈中加入新元素的功能，其定义如下所示：

```
void push(int element)
{
    stack[top] = element;
    top++;
}
```

其中，参数 element 是要加入栈中的新元素。根据此前的约定，top 存储的是新元素加入的位置，因此 stack[top] 用来保存要加入的值 element。

新元素加入完毕后，栈的长度增加 1，top 的值也需要更新。top++ 使 top 的值加 1，即表示接下来新元素要加入的位置。

11.1.3　弹出栈中元素

pop 函数实现了弹出栈顶元素的功能，其定义如下所示：

```
int pop()
{
    top-- ;
    return stack[top];
}
```

pop 函数不接收任何参数，它返回一个 int 类型的数据，即当前栈顶的元素。为了实现 pop 函数的功能，首先将 top 自减，此时 top 中存储的是栈中的最后一个元素的位置，随后将这个元素返回。注意 pop 函数调用之后栈的长度也减 1，因此 top 自减之后恰好就是栈顶元素弹出栈之后新元素加入栈时的位置。

11.1.4 查看栈顶元素

有时程序只是想查看栈顶的元素，并根据查看的结果来决定是否需要将这个元素弹出栈。peek 函数实现了这个功能，其定义如下所示：

```
int peek()
{
    return stack[top - 1];
}
```

由于 top 是栈顶下一个元素的位置，因此栈顶元素的下标是 top−1，peek 函数返回这个下标对应的元素。请注意比较 peek 函数和 pop 函数的区别：两个函数的返回元素其实是一样的，但是 pop 函数在返回栈顶元素的同时还修改了 top 的值，而 peek 函数仅仅返回栈顶元素，栈顶的位置并没有被修改。

11.1.5 清空栈

由于一个栈为空的条件是 top = bottom = 0，因此清空栈的操作非常简单，cleanStack 函数定义如下所示：

```
void cleanStack()
{
    top = bottom;
}
```

应注意栈中 bottom 的值自始至终为 0，cleanStack 函数实际上将 top 的值赋为 0。另外，清空一个栈并没必要将栈中的所有元素都弹出栈或者将所有元素都设为 0，只要使 top 指示栈底位置即可。

11.1.6 打印栈中的元素

为了更加方便直观地观察栈中行为，printStack 函数用于打印栈中所有元素，其定义如下所示：

```
void printStack()
{
    int i;
    printf("打印栈中元素：");
    for (i = bottom; i < top; i++)
```

```
        {
            printf(" % d ", stack[i]);
        }
        printf("\n");
    }
```

栈中的元素下标从 bottom 开始,到 top-1 结束,printStack 函数利用一个 for 循环将栈中元素依次打印出来,以方便观察栈的当前状态。

至此一个最基本的栈就完成了,接下来通过案例来演示栈的特点,具体如例 11-1所示。

例 11-1

```
1   # include < stdio. h >
2   # define STACK_SIZE   1024
3   int bottom, top;                        //栈底和栈顶
4   int stack[STACK_SIZE];                  //int 类型的数组用来实现栈
5   void push(int element)
6   {
7       stack[top] = element;
8       top++;
9   }
10  int pop()
11  {
12      top -- ;
13      return stack[top];
14  }
15  int peek()
16  {
17      return stack[top - 1];
18  }
19  void cleanStack()
20  {
21      top = bottom;
22  }
23  void printStack()
24  {
25      int i;
26      printf("打印栈中元素: ");
27      for (i = bottom; i < top; i++)
28      {
29          printf(" % d ", stack[i]);
30      }
31      printf("\n");
32  }
33  int main()
34  {
```

```
35      bottom = 0;
36      top = 0;
37      printStack();
38      push(1);
39      push(3);
40      push(6);
41      printStack();
42      printf("弹出栈顶元素：%d\n", pop());
43      printStack();
44      printf("查看栈顶元素：%d\n", peek());
45      printStack();
46      return 0;
47  }
```

■ 输出：

```
打印栈中元素：
打印栈中元素：1 3 6
弹出栈顶元素：6
打印栈中元素：1 3
查看栈顶元素：3
打印栈中元素：1 3
```

分析：

第 35～36 行：初始化栈，将 bottom 和 top 都设为 0，即空栈。

第 37 行：打印当前栈中的元素。由于此时是一个空栈，因此打印的结果为空。

第 38 行：向栈中加入一个元素 1。

第 39 行：向栈中加入一个元素 3。

第 40 行：向栈中加入一个元素 6。

第 41 行：打印当前栈中元素 1、3、6。

第 42 行：利用 pop 函数弹出栈顶元素 6 并打印，此时栈中的元素为 1、3。

第 43 行：打印当前栈中元素 1、3。

第 44 行：利用 peek 函数查看当前栈顶元素 3 并打印，此时栈中的元素为 1、3。

第 45 行：打印当前栈中元素 1、3。

以上的程序实现了一个基本的栈，从程序运行结果可以看出栈后进先出的特点。后面还将会介绍如何利用栈的这一特点解决实际问题。

11.2　队　　列

生活中排队买火车票时，队伍前面的人先买票，买完票后就离开队伍，这就是队列的一个实例。队列与栈的"后进先出"原则正好相反，它满足"先进先出"的原则，即先进入队列的元素会先出队列,如图 11.2 所示。

图 11.2 中,在空队列中依次加入元素 a_1, a_2,…,a_n,a_1 是队首元素,a_n 是队尾元素,退出队列的次序只能是 a_1,a_2,…,a_n,这些元素在存取的过程中遵循"先进先出"的原则。

图 11.2 队列示意图

11.2.1 定义队列

和栈类似,队列也可以用 C 语言中的数组来实现,具体示例如下:

```
1   # include < stdio.h >
2   # define QUEUE_SIZE   1024
3   int front, rear;                //队首和队尾
4   int queue[QUEUE_SIZE];          //int 类型的数组用来实现队列
5   int main()
6   {
7       front = 0;
8       rear = 0;
9       return 0;
10  }
```

分析:

第 4 行:定义了一个整型的数组 queue,数组的长度为 QUEUE_SIZE。接下来将用这个数组模拟队列。

第 7~8 行:在 main 函数中将队首和队尾的位置都初始化为 0。和栈一样,约定 rear 存储队尾之后的下一个元素的位置,front 存储队首元素的位置。

11.2.2 进入队列

insertQueue 函数实现了在队尾添加一个元素的功能,其定义如下所示:

```
void insertQueue(int element)
{
    queue[rear] = element;
    rear++;
}
```

此处可以将 insertQueue 函数和栈中的 push 函数进行对比:由于都是从尾部加入元素,insertQueue 函数的实现和栈中的 push 函数完全一样。

11.2.3 离开队列

deleteQueue 函数实现了从队首删除一个元素的功能。和栈中的 pop 函数不同的是,离开队列发生在队首而不是队尾,因此 deleteQueue 函数和栈中 pop 函数完全不同,其定义如下所示：

```
int deleteQueue()
{
    front++;
    return queue[front - 1];
}
```

在 deleteQueue 函数中首先将 front 自加，这是删除一个元素之后 front 应该在的位置。此时，队首元素的下标变成了 front － 1，deleteQueue 函数返回这个下标对应的元素值，从而实现从队首删除一个元素的功能。

11.2.4　清空队列

cleanQueue 函数实现了清空一个队列的功能。和栈一样，清空一个队列也只需要把 front 和 rear 重新设为 0 即可。其定义如下所示：

```
void cleanQueue()
{
    rear = front = 0;
}
```

11.2.5　打印队列中元素

printQueue 函数实现了打印队列中元素的功能，由于队列中元素的下标从 front 开始，到 rear － 1 结束，和栈完全一样，其定义如下所示：

```
void printQueue()
{
    int i;
    printf("队列中元素为: ");
    for (i = front; i < rear; i++)
    {
        printf(" % d ", queue[i]);
    }
    printf("\n");
}
```

至此一个基本的队列就完成了。接下来通过案例来演示队列的特点，具体如例 11-2 所示。

　　例 11-2

```
1   # include < stdio. h >
2   # define QUEUE_SIZE   1024
3   int front, rear;                        //队首和队尾
4   int queue[QUEUE_SIZE];                   //int 类型的数组用来实现队列
```

```
5   void insertQueue( int element)
6   {
7       queue[ rear] = element;
8       rear++;
9   }
10  int deleteQueue()
11  {
12      front++;
13      return queue[ front - 1];
14  }
15  void cleanQueue()
16  {
17      rear = front = 0;
18  }
19  void printQueue()
20  {
21      int i;
22      printf("队列中元素为: ");
23      for (i = front; i < rear; i++)
24      {
25          printf(" % d ", queue[i]);
26      }
27      printf("\n");
28  }
29  int main()
30  {
31      front = 0;
32      rear = 0;
33      printQueue();
34      insertQueue(1);
35      insertQueue(3);
36      insertQueue(6);
37      printQueue();
38      printf("离开队列元素为: % d\n", deleteQueue());
39      printQueue();
40      printf("离开队列元素为: % d\n", deleteQueue());
41      printQueue();
42      return 0;
43  }
```

■ 输出:

```
队列中元素为:
队列中元素为: 1 3 6
离开队列元素为: 1
队列中元素为: 3 6
离开队列元素为: 3
队列中元素为: 6
```

分析：

第 31～32 行：将 front 和 rear 都初始化为 0，即空队列。

第 33 行：打印当前队列中的元素。由于此时是一个空队列，因此打印的结果为空。

第 34 行：向队列中加入元素 1。

第 35 行：向队列中加入元素 3。

第 36 行：向队列中加入元素 6。

第 37 行：打印当前队列中元素 1、3、6。

第 38 行：利用 deleteQueue 函数取出队首元素 1 并打印，此时队列中的元素为 3、6。

第 39 行：打印队列中元素 3、6。

第 40 行：再次利用 deleteQueue 函数取出队首元素 3 并打印，此时队列中元素只剩 6。

第 41 行：打印队列中元素 6。

以上程序实现了一个基本的队列，从程序运行结果中可以看出队列先进先出的特点，注意队列与栈的区别，本节之后会介绍如何充分利用队列的这一特点解决实际问题。

11.3　结　构　体

前面的章节中讲解了数组，它是一组具有相同类型的数据的集合。但在实际的编程过程中，往往还需要一组类型不同的数据，例如，对于学生信息登记表，姓名为字符串，学号为整数，年龄为整数，性别为字符串，成绩为小数，因为数据类型不同，显然不能用一个数组来存放。在 C 语言中，可以使用结构体来存放一组不同类型的数据。

11.3.1　定义结构体类型

定义结构体类型就是对结构体内部构成形式进行描述，即对每个成员进行声明，其定义语法格式如下：

```
struct 结构体名
{
    成员 1 的类型 变量名;
    成员 2 的类型 变量名;
    …
    成员 n 的类型 变量名;
};
```

其中，struct 是关键字，不可以省略；结构体名要符合标识符的命名规则，可以省略；成员类型除了可以是基本数据类型外，还可以是数组、指针、另外一个结构体。下面是结构体定义的具体实例。

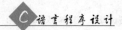

1. 复数

```
struct Complex
{
    float real;
    float imaginary;
};
```

Complex 就是程序中新定义的数据类型，它包含了两个浮点类型，分别表示实部 real 和虚部 imaginary。

2. 学生信息

```
struct Student
{
    int studentID;
    char name[50];
};
```

Student 结构体中定义了两个成员：第一个是整型 studentID，用来表示学生的学号；第二个是字符数组 name，用来表示学生的姓名。

3. 栈

```
struct Stack
{
    int bottom;
    int top;
    int size;
    int * stack;
};
```

11.1 节中介绍的栈也可以定义成结构体的形式。在 Stack 结构体中包含四个成员：栈底 bottom、栈顶 top、栈的大小 size 及一个整型指针 stack。

4. 队列

11.2 节的队列也可以定义成结构体的形式，其定义和栈完全一样：

```
struct Queue
{
    int front;
    int rear;
    int size;
    int * queue;
};
```

队列结构体中包含四个成员：队首 front、队尾 rear、队列的大小 size 及一个整型指针 queue。

11.3.2　定义结构体变量

定义了结构体之后，就可以像定义基本数据类型 int、double 等的变量一样来定义一个结构体类型的变量。结构体变量的定义语法如下所示：

```
struct 结构体名 结构变量名;
```

类似地，也可以定义结构体数组：

```
struct 结构体名 结构体数组名[数组长度];
```

以 11.3.1 节中的 Stack 为例：

```
struct Stack s;
```

这里定义了一个 Stack 类型的变量，它的名字是 s，s 里面包含了整数 bottom、整数 top、整数 size 及整型指针 stack。

定义结构体变量之后的下一个问题就是如何初始化结构体变量。结构体变量的初始化实际上是结构体中各个成员变量的初始化过程。其语法格式如下：

```
struct 结构体名 结构变量名 = {成员变量 1 初值, 成员变量 2 初值, …, 成员变量 n 初值};
```

以下是一些实例：

1. 初始化复数 Complex

```
struct Complex c = {0.0, 1.0};
```

这里定义了一个 Complex 类型的变量，变量名为 c，c 中包含两个浮点类型的变量 real、imaginary，它们分别被初始化为 0.0、1.0。

2. 初始化 Student

```
struct Student student[2] = {{20170101, "小千"}, {20170102, "小锋"}};
```

这里定义了一个 Student 类型的数组，数组名为 student，student 中包含两个元素 student[0] 和 student[1]。student[0] 中包含一个整型 studentID 和一个字符数组 name，分别被初始化为 20170101、"小千"；student[1] 中同样也包含一个整型 studentID 和一个字符数组 name，分别被初始化为 20170102、"小锋"。

3. 初始化 Stack

```
struct Stack s = {0, 0, 1024, NULL};
```

Stack 类型的变量 s 中包含 4 个成员，其中整型 bottom 和 top 被分别初始化为 0，整型 size 被初始化为 1024，整型指针 stack 被初始化为 NULL。

4. 初始化 Queue

```
struct Queue q = {0, 0, 1024, NULL};
```

Queue 类型的变量 q 中包含 4 个成员，其中整型 front 和 rear 被分别初始化为 0，整型 size 被初始化为 1024，整型指针 queue 被初始化为 NULL。

11.3.3　结构体与指针

基本数据类型有对应的指针，结构体类型作为一种新的数据类型，也有对应的指针。结构体指针的定义及使用方式和一般的指针类似，具体实例如下：

```
struct Student * p = NULL;
```

定义一个 Student 类型的指针并初始化为 NULL。

```
struct Student s = {20170101,"小千"};
struct Student * p = &s;
```

这里首先定义了一个结构体变量 s，并用学号 20170101 和字符串"小千"去初始化，接着定义了一个 Student 类型的指针 p，并利用取地址 & 将 s 的地址赋值给 p，p 为指向 Student 类型变量 s 的指针。

```
struct Student * p = (struct Student * )malloc(sizeof(struct Student) * size);
```

假定 size 的值只有在运行时才能确定，Student 类型的指针 p 指向长度为 size 的一个结构体数组，数组中的每个元素都是一个 Student 类型的结构体变量，因此分配的内存大小是 Student 的大小乘以数量 size，即 sizeof(struct Student) * size。

11.3.4　访问成员变量

结构体中的数据都是保存在成员变量中的，因此访问成员变量是非常有必要的，访问成员变量的方法可以分为两种：

第一种方法是通过结构体变量访问。如果已经在程序中定义了一个结构体变量，则可以通过"结构体变量名.成员变量名"这种方式来访问相应的成员变量。具体如例 11-3

所示。

例 11-3

```
1    # include < stdio. h>
2    struct Student
3    {
4        int studentID;
5        char name[50];
6    };
7    int main()
8    {
9        int i;
10       struct Student s[2] = {{20170101,"小千"}, {20170102,"小锋"}};
11       for (i = 0; i < 2; i++)
12       {
13           printf(" % d % s\n", s[i].studentID, s[i].name);
14       }
15       return 0;
16   }
```

输出：

```
20170101 小千
20170102 小锋
```

分析：

第 10 行：定义了一个结构体数组 s 并初始化。

第 13 行：通过 s[i]. studentID 可以访问 s[i]中的整型成员变量 studentID，通过 s[i]. name 可以访问 s[i]中的字符数组 name。

第二种方法是通过结构体指针访问。如果程序中有一个指向某个结构体变量的指针，可以通过"指针名->成员变量名"这种方式来访问相应的成员变量。具体如例 11-4 所示。

例 11-4

```
1    # include < stdio. h>
2    struct Student
3    {
4        int studentID;
5        char name[50];
6    };
7    int main()
8    {
9        struct Student s[2] = {{20170101,"小千"}, {20170102,"小锋"}};
10       struct Student * p;
```

```
11      for (p = s; p < s + 2; p++)
12      {
13          printf("%d %s\n", p->studentID, p->name);
14      }
15      for (p = s; p < s + 2; p++)
16      {
17          printf("%d %s\n", (*p).studentID, (*p).name);
18      }
19      return 0;
20  }
```

输出：

```
20170101 小千
20170102 小锋
20170101 小千
20170102 小锋
```

分析：

第 11～14 行：在 for 循环中，使 p 指向结构体数组 s 的首元素 s[0]，通过 p-> studentID、p-> name 分别访问 s[0]. studentID、s[0]. name，接着 p++，使 p 指向结构体数组的下一个元素 s[1]，通过 p-> studentID、p-> name 分别访问 s[1]. studentID、s[2]. name，接着 p++，不满足条件 p < s + 2，退出循环。

第 15～18 行：通过 *p 取指针指向内存空间的内容，与第一种访问方法相同。

11.4　链　表

前面讲解的栈和队列都可以用数组实现，数组在内存中是连续存储的，所以在数组中访问元素非常迅速，但在数组的任意位置插入和删除一个元素时，所有元素整体后移或前移一位，为解决这种操作不方便的问题，C 语言中提供了一种数据结构——链表，链表中的每一个元素称为结点，结点除了存储本身的数据信息外，还需一个指针域指向前一个或后一个结点的位置，从而将所有的结点彼此连接起来，因此当插入一个新结点时，只需要修改结点中指针域的指向关系即可，非常方便，但是访问元素相对数组来说较慢。下面通过一个图例来演示单向链表，如图 11.3 所示。

图 11.3　单向链表示意图

图 11.3 中，指针域中只有一个指针指向后继结点的链表称为单向链表。下面通过一个图例来演示双向链表，如图 11.4 所示。

图 11.4　双向链表示意图

图 11.4 中,指针域中有两个指针分别指向前驱结点和后继结点的链表称为双向链表。

11.4.1　定义链表

链表的定义分为两部分。首先定义一个链表的表头,具体示例如下:

```
struct Head
{
    int length;
    struct Node * first;
};
```

这是一个 Head 类型的结构体,它包含了两个成员:一个是整型 length,用来表示整个链表的长度;第二个成员是 Node 类型的指针。结构体 Node 的定义如下所示:

```
struct Node
{
    int data;
    struct Node * next;
};
```

Node 是这个链表中真正的结点,类似于数组当中的元素。Node 中包含两个成员:一个是整型 data,用来表示数据;另一个是 Node 类型的指针 next,它指向一个新的 Node 变量。

整个链表就是由一系列指针和结构体构成,如图 11.5 所示。

图 11.5　定义链表

图 11.5 中,从 Head 的 first 指针开始指向链表的第一个 Node,第一个 Node 的 next 指针指向第二个 Node,第二个 Node 的 next 指针指向第三个 Node,以此类推。直到某一个 Node 的 next 指针为 NULL,链表终止。

接下来定义一个链表,具体示例如下:

```
1  # include < stdio. h >
2  # include < stdlib. h >
```

```
3   struct Head
4   {
5       int length;
6       struct Node * first;
7   };
8   struct Node
9   {
10      int data;
11      struct Node * next;
12  };
13  int main()
14  {
15      struct Head * h = (struct Head * )malloc(sizeof(struct Head));
16      h->length = 0;
17      h->first = NULL;
18      free(h);
19      return 0;
20  }
```

分析:

第 15 行：利用 malloc 函数申请一块大小为 sizeof(struct Head)的内存,然后将首地址赋值给 Head 类型的指针 h。

第 16 行：将 Head 中的链表长度置为 0。

第 17 行：将 Head 中的 first 指针置为 NULL。

第 18 行：释放申请的内存。

11.4.2 访问元素

和数组元素类似,这里约定链表中 Node 的下标也是从 0 开始的,即紧随在 Head 之后的 Node 下标为 0。整个链表中的元素下标范围是 0 到 length－1。getNode 函数实现了访问元素的功能,其定义如下所示:

```
struct Node * getNode(struct Head * head, int index)
{
    struct Node * p = head->first;
    int i = 0;
    if (index < 0 || index >= head->length)
    {
        return NULL;
    }
    while (i < index)
    {
        p = p->next;
        i++;
    }
    return p;
}
```

getNode 函数的参数是 Head 类型指针 head 及将要访问的元素下标 index，它的返回值是一个 Node 类型的指针，指向链表中下标为 index 的结点。

如果 index 不在 0 到 length－1 的范围之内，则 getNode 函数返回 NULL。否则，初始化一个指针 p，p 指向链表中下标为 0 的结点，接着初始化当前结点的下标 i 为 0。随后利用 while 循环来寻找下标为 index 的结点。在当前循环中，如果 i 小于 index，那么就将下一个结点的地址赋值给指针 p，并将 i 的值加 1，直到 i 等于 index 为止，此时指针 p 指向的就是下标为 index 的结点。

11.4.3　插入元素

在链表中插入元素采用如下的规则：如果插入位置的下标 index 在 0 到 length－1 的范围之内，那么就插入到元素 index 之前，即插入后新元素的下标应当为 index。如果下标 index ＝ length，那么就将元素插入到链表末尾。其他任何情况下对链表都不作改动。insertNode 函数实现了插入元素的功能，其定义如下所示：

```c
void insertNode(struct Head * head, int data, int index)
{
    if (index < 0 || index > head->length)
    {
        return;
    }
    if (index == 0)
    {
        struct Node * p = head->first;
        head->first = (struct Node * )malloc(sizeof(struct Node));
        head->first->data = data;
        head->first->next = p;
    }
    else
    {
        struct Node * p = getNode(head, index - 1);
        struct Node * q = p->next;
        p->next = (struct Node * )malloc(sizeof(struct Node));
        p->next->data = data;
        p->next->next = q;
    }
    head->length++;
}
```

insertNode 函数参数为 Head 类型指针 head、将要插入的值 data 及要插入的位置 index。如果 index 超出了范围，就直接返回不做任何改动；否则，根据 index 的值分别进行处理。

如果 index 为 0，则新的结点插入在头部和第一个结点之间，程序在 if 中进行处理，如图 11.6 所示。

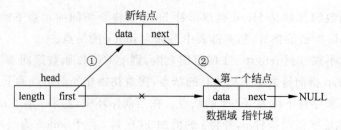

图 11.6   index 为 0 时，插入结点

如果 index 不为 0，则直接使用 getNode 获得 index-1 处的结点，利用该结点的 next 指针将 data 插入到它后边，程序在 else 中进行处理，如图 11.7 所示。

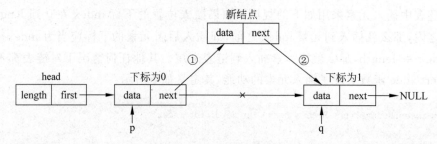

图 11.7   index 不为 0 时，插入结点

11.4.4   删除元素

删除元素和插入元素类似，要求删除元素的 index 必须在 0 到 length-1 的范围之内，否则不做处理。deleteNode 函数实现了删除元素的功能，其定义如下所示：

```
void deleteNode(struct Head * head, int index)
{
    if (index < 0 || index >= head->length)
    {
        return;
    }
    if (index == 0)
    {
        struct Node * p = head->first;
        head->first = p->next;
        free(p);
    }
    else
    {
        struct Node * p = getNode(head, index - 1);
        struct Node * q = p->next;
        p->next = q->next;
        free(q);
    }
    head->length--;
}
```

deleteNode 函数和 insertNode 函数的流程类似，都是首先检验 index 是否在有效范围之内，如果在有效范围内，则根据 index 的值是否为 0 分情况讨论。

如果 index 为 0，则直接从 head 开始删除，程序在 if 中进行处理，如图 11.8 所示。

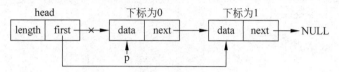

图 11.8　index 为 0 时，删除结点

如果 index 不为 0，则直接使用 getNode 获得 index−1 处的结点，利用该结点的 next 指针删除结点，程序在 else 中进行处理，如图 11.9 所示。

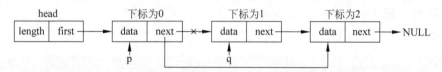

图 11.9　index 不为 0 时，删除结点

11.4.5　释放链表

destroyLinkedList 函数实现了释放链表中所有结点占用内存的功能，其定义如下所示：

```
void destroyLinkedList(struct Head * head)
{
    struct Node * p = head->first;
    while (p)
    {
        head->first = p->next;
        free(p);
        p = head->first;
    }
    head->length = 0;
}
```

destroyLinkedList 函数的执行过程实际上是在不断地删除链表的第一个结点，直到所有结点都被删除为止。

11.4.6　打印链表

printLinkedList 函数实现打印链表的功能，其定义如下所示：

```
void printLinkedList(struct Head * head)
{
    int i;
    struct Node * p = head->first;
```

```
        printf("%d(头部)->", head->length);
        for (i = 0; i < head->length; i++)
        {
            printf("%d->", p->data);
            p = p->next;
        }
        printf("NULL\n");
}
```

　　printLinkedList 函数的参数为 Head 型指针 head，由于 head->length 中存储了结点的数量，因此可以利用一重 for 循环遍历所有结点，输出每个结点中存储的 data 值。
　　至此一个简单的链表就基本完成了，接下来将所有函数放在一个文件中实现链表，具体如例 11-5 所示。

例 11-5

```
1    #include <stdio.h>
2    #include <stdlib.h>
3    struct Head
4    {
5        int length;
6        struct Node * first;
7    };
8    struct Node
9    {
10       int data;
11       struct Node * next;
12   };
13   struct Node * getNode(struct Head * head, int index)//访问元素
14   {
15       struct Node * p = head->first;
16       int i = 0;
17       if (index < 0 || index >= head->length)
18       {
19           return NULL;
20       }
21       while (i < index)
22       {
23           p = p->next;
24           i++;
25       }
26       return p;
27   }
28   void insertNode(struct Head * head, int data, int index)//插入元素
29   {
30       if (index < 0 || index > head->length)
31       {
```

```
32          return;
33      }
34      if (index == 0)
35      {
36          struct Node * p = head->first;
37          head->first = (struct Node * )malloc(sizeof(struct Node));
38          head->first->data = data;
39          head->first->next = p;
40      }
41      else
42      {
43          struct Node * p = getNode(head, index - 1);
44          struct Node * q = p->next;
45          p->next = (struct Node * )malloc(sizeof(struct Node));
46          p->next->data = data;
47          p->next->next = q;
48      }
49      head->length++;
50  }
51  void deleteNode(struct Head * head, int index)       //删除元素
52  {
53      if (index < 0 || index >= head->length)
54      {
55          return;
56      }
57      if (index == 0)
58      {
59          struct Node * p = head->first;
60          head->first = p->next;
61          free(p);
62      }
63      else
64      {
65          struct Node * p = getNode(head, index - 1);
66          struct Node * q = p->next;
67          p->next = q->next;
68          free(q);
69      }
70      head->length--;
71  }
72  void destroyLinkedList(struct Head * head)           //释放链表
73  {
74      struct Node * p = head->first;
75      while (p)
76      {
77          head->first = p->next;
78          free(p);
79          p = head->first;
```

```
80          }
81          head->length = 0;
82      }
83      void printLinkedList(struct Head * head)        //打印链表
84      {
85          int i;
86          struct Node * p = head->first;
87          printf("%d(头部)->", head->length);
88          for (i = 0; i < head->length; i++)
89          {
90              printf("%d->", p->data);
91              p = p->next;
92          }
93          printf("NULL\n");
94      }
95      int main()
96      {
97          struct Head * h = (struct Head * )malloc(sizeof(struct Head));
98          h->length = 0;
99          h->first = NULL;
100         insertNode(h, 1, 0);
101         printLinkedList(h);
102         insertNode(h, 2, 1);
103         printLinkedList(h);
104         insertNode(h, 3, 1);
105         printLinkedList(h);
106         insertNode(h, 4, 2);
107         printLinkedList(h);
108         deleteNode(h, 1);
109         printLinkedList(h);
110         deleteNode(h, 0);
111         printLinkedList(h);
112         destroyLinkedList(h);
113         printLinkedList(h);
114         free(h);
115         return 0;
116     }
```

📖 输出：

```
1(头部)->1->NULL
2(头部)->1->2->NULL
3(头部)->1->3->2->NULL
4(头部)->1->3->4->2->NULL
3(头部)->1->4->2->NULL
2(头部)->4->2->NULL
0(头部)->NULL
```

📖 **分析：**

第 100 行：在链表下标为 0 处插入元素 1。

第 102 行：在链表下标为 1 处插入元素 2。

第 104 行：在链表下标为 1 处插入元素 3。

第 106 行：在链表下标为 2 处插入元素 4。

第 108 行：删除链表下标为 1 的元素。

第 110 行：删除链表下标为 0 的元素。

第 112 行：释放链表。

第 114 行：释放链表表头。

11.5　union 共同体

union 也称联合体，是一种特殊的数据类型。共同体类型变量中可以含有不同类型的数据，但这些不同类型的数据共同存放在同一起始地址开始的连续存储空间中，它允许多个成员使用同一块内存，灵活地使用共同体可以减少程序所使用的内存。

11.5.1　定义共同体类型

定义和使用共同体的方法和结构体十分类似，也需要首先定义共同体内部的成员类型。其语法格式如下：

```
union 名称
{
    成员 1 的类型 变量名;
    成员 2 的类型 变量名;
    ...
    成员 n 的类型 变量名;
};
```

定义完共同体类型后，就可以定义共同体变量了，它的定义方法和结构体类似，但需要注意的是，共同体变量中所有的成员变量共用同一块内存。接下来通过一个案例来说明，具体如例 11-6 所示。

例 11-6

```
1   # include < stdio. h >
2   union Data
3   {
4       int i;
5       int j;
6   };
7   int main()
```

```
8    {
9        union Data d;
10       d.i = 1;
11       printf("d.i = %d\n", d.i);
12       printf("d.j = %d\n", d.j);
13       d.j = 2;
14       printf("d.i = %d\n", d.i);
15       printf("d.j = %d\n", d.j);
16       printf("&d.i = %p\n", &d.i);
17       printf("&d.j = %p\n", &d.j);
18       return 0;
19   }
```

输出：

```
d.i = 1
d.j = 1
d.i = 2
d.j = 2
&d.i = 0028FF1C
&d.j = 0028FF1C
```

分析：

第 9 行：定义了一个共用体 Data 类型的变量 d。

第 10 行：将 d.i 赋值为 1。

第 11~12 行：利用 printf 函数打印出 d.i 和 d.j 的值。由于 d.i 和 d.j 数据类型完全一样，占用同一块 4 个字节的内存，对 d.i 赋值也就相当于对 d.j 进行了赋值，因此两者打印的结果是一样的。

第 13 行：将 d.j 赋值为 2。

第 14~15 行：利用 printf 函数打印出 d.i 和 d.j 的值。对 d.j 赋值为 2 就会将这块 4 个字节内存上原有的值 1 覆盖，这时通过 d.i 和 d.j 访问到这块内存的值都是 2，因此两者打印的结果也是一样的。

第 16~17 行：利用 printf 函数打印出 d.i 和 d.j 的内存地址。从输出结果可发现，两者结果也相同。

在上面的例题中，共同体变量里包含的是两个相同类型的成员变量，它也可以包含不同类型的成员变量，具体如例 11-7 所示。

例 11-7

```
1    #include <stdio.h>
2    union Data
3    {
4        int i;
5        unsigned int j;
```

```
6   };
7   int main()
8   {
9       union Data d;
10      d.j = 0xffffffff;
11      printf("sizeof(d) = %d\n", sizeof(d));
12      printf("d.i = %d\n", d.i);
13      printf("d.j = %u\n", d.j);
14      return 0;
15  }
```

输出：

```
sizeof(d) = 4
d.i = -1
d.j = 4294967295
```

分析：

第 9 行：定义了一个共用体 Data 类型的变量 d，它包含了两个不同类型的成员变量：int 类型的 d.i 和 unsigned int 类型的 d.j。

第 10～13 行：将 d.j 赋值为 0xffffffff，这是 unsigned int 能够表示的最大数，它在内存中的形式是"1111 1111 1111 1111 1111 1111 1111 1111"，当程序通过 d.i 的形式来访问这段内存时，d.i 的值也是 0xffffffff，但是由于 d.i 的类型是 int，根据前面的知识，这个值对应的有符号整数应该是−1，所以 main 函数中第二次 printf 的结果应该是−1。

一般地，在共同体中不同类型的成员共享同一块内存，它们底层的二进制表示都是一样的，但是不同的成员会根据自己的类型将这一块内存中的值解读为不同的内容。

11.5.2 使用不同长度的成员

上面的两个例题中共同体包含的成员变量大小都是一样的，因此对于共同体变量所占内存大小比较好理解。但如果共用体中包含了不同大小的成员，那么共同体变量所占用的内存大小取决于最长的成员所占用的内存，并且所有成员的首字节对齐。具体如例 11-8 所示。

例 11-8

```
1   #include <stdio.h>
2   #include <string.h>
3   union Data
4   {
5       char ch;
6       char str[5];
7   };
```

```
8   int main()
9   {
10      union Data d;
11      strcpy(d.str, "ABCD");
12      printf("sizeof(d) = %d\n", sizeof(d));
13      printf("d.ch 为 %c\n", d.ch);
14      printf("d.str 为 %s\n", d.str);
15      return 0;
16  }
```

■ 输出:

```
sizeof(d) = 5
d.ch 为 A
d.str 为 ABCD
```

■ 分析:

第 10 行:定义了一个共用体 Data 类型的变量 d,它包含了两个不等长的数据成员:
成员 d.ch 的类型是 char,占用 1 个字节;成员 d.str 是一个字符数组,占用 5 个字节。

第 12 行:打印 d 的内存大小,它和字符数组的大小相同。

第 13~14 行:打印 d.c 和 d.str 的值。从打印结果可发现,d.ch 和 d.str 的首字节
对齐,即 d.ch 和 d.str 的第一个字符占用同一块内存。

11.6　数据结构应用实例

本节将通过两个例子介绍如何使用栈和队列解决实际问题。逆波兰表达式求值的
例子利用到了栈后进先出的特点,而为像素点染色的例子利用了队列先进先出的特点。
在解决实际问题时,要根据问题本身的要求和特性选择合适的数据结构,以达到事半功
倍的效果。

11.6.1　逆波兰表达式求值

数学书上通常将代数运算表达式表示成"操作数 操作符 操作数"的形式,例如 1 + 2
表示加法运算,1 和 2 是两个操作数,+ 是操作符。逆波兰表达式是将操作数按顺序依次
放在操作符之前的表达式,上例在逆波兰表达式中就是 1 2 +。一个稍微复杂的例子是
四则运算的混合:

1 + 2 * 3 − 4

在逆波兰表达式中,2 * 3 首先被表示成 2 3 *:

1 + 2 3 * − 4

加法运算 1 + 2 3 * 的两个操作数现在分别是 1 和 2 3 *,它的逆波兰表达式为

１２３ ＊ ＋:

　１２３ ＊ ＋ － ４

最后减法的操作数分别是１２３ ＊ ＋和４,因此该四则运算最终的逆波兰表达式为:

　１２３ ＊ ＋ ４ －

给定上述逆波兰表达式,可以在只遍历输入数据一次的情况下,利用栈求得逆波兰表达式的值,在上面的例子中,这个表达式的值等于３。解决逆波兰表达式的思路是:从左到右遍历逆波兰表达式中的所有字符,如果遇到一个操作数,就将操作数压入栈中;如果遇到一个操作符,就将栈中顶端的两个操作数弹出,利用操作符进行计算,并将计算结果压入栈中,此时计算结果就成了后边操作符的操作数。当整个逆波兰表达式被处理完之后,栈中只剩下唯一的一个元素,这个元素就是最后一个操作符对应的结果,也是整个逆波兰表达式的值,具体如例 11-9 所示。

例 11-9

```
1   # include < stdio. h >
2   # define STACK_SIZE   1024
3   int bottom, top;
4   int stack[STACK_SIZE];
5   void push( int element)
6   {
7       stack[top] = element;
8       top++;
9   }
10  int pop()
11  {
12      top -- ;
13      return stack[top];
14  }
15  void cleanStack()
16  {
17      top = bottom;
18  }
19  int peek()
20  {
21      return stack[top - 1];
22  }
23  void printStack()
24  {
25      int i;
26      printf("栈中元素: ");
27      for (i = bottom; i < top; i++)
28      {
29          printf(" % d ", stack[i]);
30      }
31      printf("\n");
32  }
33  int main()
34  {
```

```c
35      char RPN[20] = "123 * + 4 - ";              //逆波兰表达式
36      int i = 0;                                    //字符串下标
37      int op1, op2;                                 //操作数
38      bottom = 0;                                    //栈底
39      top = 0;                                       //栈顶
40      while (RPN[i] != 0)
41      {
42          if (RPN[i] >= '0' && RPN[i] <= '9')
43          {
44              push(RPN[i] - '0');
45              printStack();
46          }
47          else
48          {
49              op2 = pop();
50              op1 = pop();
51              printf("弹出栈顶元素：%d、%d。", op2, op1);
52              switch (RPN[i])
53              {
54              case '+':
55                  printf("%d + %d = %d,将结果入栈。\n", op1, op2, op1 + op2);
56                  push(op1 + op2);
57                  printStack();
58                  break;
59              case '-':
60                  printf("%d - %d = %d,将结果入栈。\n", op1, op2, op1 - op2);
61                  push(op1 - op2);
62                  printStack();
63                  break;
64              case '*':
65                  printf("%d * %d = %d,将结果入栈。\n", op1, op2, op1 * op2);
66                  push(op1 * op2);
67                  printStack();
68                  break;
69              case '/':
70                  printf("%d / %d = %d,将结果入栈。\n", op1, op2, op1 / op2);
71                  push(op1 / op2);
72                  printStack();
73                  break;
74              default:
75                  printf("输入错误!\n");
76              }
77          }
78          i++;
79      }
80      printf("逆波兰表达式：%s,计算结果为%d\n", RPN, pop());
81      return 0;
82  }
```

■ 输出：

> 栈中元素：1
> 栈中元素：1 2
> 栈中元素：1 2 3
> 弹出栈顶元素：3、2。2 ＊ 3 ＝ 6,将结果入栈。
> 栈中元素：1 6
> 弹出栈顶元素：6、1。1 ＋ 6 ＝ 7,将结果入栈。
> 栈中元素：7
> 栈中元素：7 4
> 弹出栈顶元素：4、7。7 － 4 ＝ 3,将结果入栈。
> 栈中元素：3
> 逆波兰表达式：1 2 3 ＊ ＋ 4 －,计算结果为 3

分析：

第 3 行：定义了栈底和栈顶变量。

第 35 行：定义了要求值的逆波兰表达式。

第 36 行：定义了用来访问逆波兰表达式每个字符的下标。

第 37 行：定义了两个操作数。

第 40 行：进入 while 循环。在 while 循环中会依次访问字符串表达式的每一个字符,并根据字符是操作符还是操作数进行不同的处理。

第 42～46 行：如果字符是一个操作数,就将这个操作数压入栈中。

第 47 行：进入 else,这时字符本身是一个操作符。

第 49～50 行：对于操作符,将栈中的最上面两个元素弹出,作为操作符使用的两个操作数。

第 52 行：进入 switch。针对不同的操作符进行不同的处理。

第 54～58 行：如果操作符是加法,将两个操作数相加,并将结果压入栈中。

第 59～63 行：如果操作符是减法,将两个操作数相减,并将结果压入栈中。

第 64～68 行：如果操作符是乘法,将两个操作数相乘,并将结果压入栈中。

第 69～73 行：如果操作符是除法,将两个操作数相除,并将结果压入栈中。

第 74～75 行：如果操作符不满足上述情况,则提示输入错误。

第 78 行：将下标加 1,访问下一个字符。

第 80 行：此时已经跳出了 while 循环,即已经处理完所有的操作符和操作数。如果一切正确,现在栈中应该只有一个元素,并且这个元素是处理最后一个操作符时得到的结果,即整个逆波兰表达式的值。

11.6.2　为像素点染色

在使用画图程序时经常会选择某种颜色,然后在一个封闭图形内部单击一下,就可将图形内染上同一种颜色。这个过程可以用二维数组来模拟：用一个只包含 0、1 元素的二维数组,其中 1 表示封闭图形的边界,0 表示底色,再给定一个大于 1 的整数(表示某一

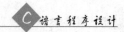

种特定颜色)和一个二维坐标(保证在图形内部),则只需将二维数组中处在这个封闭图形中的元素都赋值为这种颜色。

具体操作如下:首先给定的像素应该被染色,接着查看给定像素的四个邻居,如果它们是 0,则意味着这些邻居还在图形内部,也应该被染色;如果它们中有 1,那么意味着像素已经接近了图形边界,有些邻居不需要染色了。对于 4 个邻居中为 0 的像素,这个过程应该不断进行下去,即它们也应该检查它们的邻居,如果有为 0 的,就将它染色,并继续检查它的邻居,直到将边界内的所有像素染色完成。

上述操作可以用队列来实现:在队列中保存探查到的尚未染色且在内部的点,只要队列非空,就开始处理队首的像素,将它染色,并检查它的邻居。如果它的邻居当中有像素点尚未染色,且还没有加入到队列中,就将这个像素加入到队列中。下面是为像素点染色的实现,具体如例 11-10 所示。

例 11-10

```
1    # include < stdio. h>
2    # define QUEUE_SIZE      1024
3    # define SIZE 9
4    struct Pos
5    {
6        int i;
7        int j;
8    };
9    int front, rear;
10   struct Pos queue[QUEUE_SIZE];
11   void insertQueue(struct Pos element)
12   {
13       queue[rear] = element;
14       rear++;
15   }
16   struct Pos deleteQueue()
17   {
18       front++;
19       return queue[front - 1];
20   }
21   int main()
22   {
23       int i, j;
24       int image[SIZE][SIZE] = {
25           {0, 0, 0, 0, 0, 0, 0, 0, 0},
26           {0, 0, 1, 1, 0, 1, 1, 0, 0},
27           {0, 1, 0, 0, 1, 0, 0, 1, 0},
28           {0, 1, 0, 0, 0, 0, 0, 1, 0},
29           {0, 0, 1, 0, 0, 0, 1, 0, 0},
30           {0, 0, 0, 1, 0, 1, 0, 0, 0},
31           {0, 0, 0, 0, 1, 0, 0, 0, 0},
32           {0, 0, 0, 0, 0, 0, 0, 0, 0},
```

```
33              {0, 0, 0, 0, 0, 0, 0, 0, 0}
34          };                              // 要染色的图片
35      struct Pos start = {2, 2};
36      struct Pos neighbor;
37      int color = 2;
38      int tag = 3;
39      front = 0;                          // 队首
40      rear = 0;                           // 队尾
41      for (i = 0; i < SIZE; i++)
42      {
43          for (j = 0; j < SIZE; j++)
44          {
45              if (image[i][j] != 0)
46                  printf("%d ", image[i][j]);
47              else
48                  printf(" ");
49          }
50          printf("\n");
51      }
52      insertQueue(start);
53      while (front != rear)
54      {
55          struct Pos p = deleteQueue();
56          image[p.i][p.j] = color;
57          if (p.i > 0)
58          {
59              neighbor.i = p.i - 1;
60              neighbor.j = p.j;
61              if (image[neighbor.i][neighbor.j] == 0)
62              {
63                  insertQueue(neighbor);
64                  image[neighbor.i][neighbor.j] = tag;
65              }
66          }
67          if (p.i < SIZE - 1)
68          {
69              neighbor.i = p.i + 1;
70              neighbor.j = p.j;
71              if (image[neighbor.i][neighbor.j] == 0)
72              {
73                  insertQueue(neighbor);
74                  image[neighbor.i][neighbor.j] = tag;
75              }
76          }
77          if (p.j > 0)
78          {
79              neighbor.i = p.i;
80              neighbor.j = p.j - 1;
```

```
81              if (image[neighbor.i][neighbor.j] == 0)
82              {
83                  insertQueue(neighbor);
84                  image[neighbor.i][neighbor.j] = tag;
85              }
86          }
87          if (p.j < SIZE - 1)
88          {
89              neighbor.i = p.i;
90              neighbor.j = p.j + 1;
91              if (image[neighbor.i][neighbor.j] == 0)
92              {
93                  insertQueue(neighbor);
94                  image[neighbor.i][neighbor.j] = tag;
95              }
96          }
97      }
98      for (i = 0; i < SIZE; i++)
99      {
100         for (j = 0; j < SIZE; j++)
101         {
102             if (image[i][j] != 0)
103                 printf("%d", image[i][j]);
104             else
105                 printf(" ");
106         }
107         printf("\n");
108     }
109     return 0;
110 }
```

📋 **分析：**

第 24～34 行：定义了一张要染色的图片。这个图片以二维数组的形式来表示，每一个元素的值是 0 或者 1，表示像素点的颜色。

第 35 行：利用 Pos 结构体定义了一个起点像素。接下来要将和这个像素相连通的区域（相同颜色的像素）染上新的颜色。

第 36 行：定义了一个新的 Pos 结构体 neighbor，用来表示要处理的像素的邻居。程序中在需要处理像素处朝四个方向分别检查 4 个邻居的状态。

第 37 行：定义了要染上的新颜色 2。

第 38 行：定义了一个标签 tag，用来表示像素点是否已经在队列中。因为一个像素点 A 可能是好几个像素点 B、C 和 D 的邻居，如果像素 B、C 和 D 都已经在队列中了，那么就会多次访问 A，如果不加区别，A 就会被重复加入到队列中。因此程序中需要一个标签来表明 A 像素是否处于已经加入队列的状态。

第 39～40 行：将队首和队尾赋值为 0，即一个空队列。

第 41～51 行：利用 for 循环将图片打印在控制台上。

第 52 行：将起点像素加入到队列中去，此时队列中只有一个元素。

第 53 行：进入 while 循环，开始从队首处理队列中的像素点。

第 55 行：将队首的元素 p 取出，这是本次 while 循环将要处理的像素点。

第 56 行：将取出的像素点染色。

第 57～66 行：如果 p 的行号大于 0，那么 p 存在一个上方的邻居。检查这个邻居的颜色是否和 p 一致（p 的颜色是 0），如果一致，那么这个元素也需要被染色。将这个元素加入到队列中，并将图中这个元素的颜色标记为已经在队列中。

第 67～76 行：处理 p 下方的邻居。

第 77～86 行：处理 p 左侧的邻居。

第 87～96 行：处理 p 右侧的邻居。

第 98～108 行：利用 printf 打印染色之后的图片。

综上所述，像素点一共有 4 种可能的状态：0 表示底色，1 表示边界，color 表示染色的颜色，tag 表示像素点已经在队列中等待被处理（处理完之后像素点的值从 tag 变成 color）。

11.7　本　章　小　结

通过本章的学习，能够掌握 C 语言的基本数据类型，重点要了解的是，队列是先进先出，而栈是后进先出。链表可以根据需要开辟内存单元，如遇到一组不同类型的数据可以使用结构体来存放，灵活地使用共同体可以减少程序所使用的内存。

11.8　习　　题

1. 填空题

（1）栈在存取的过程中遵循_____的原则。

（2）队列在存取的过程中遵循_____的原则。

（3）把不同类型的数据类型组合成一个整体，称为_____。

（4）指针域中有两个指针分别指向前驱结点和后继结点的链表称为_____。

（5）union 共同体，也称_____，是一种特殊的数据类型。

2. 选择题

（1）栈的特点是（　　），队列的特点是（　　）。

　　A. 先进先出　　　　B. 先进后出　　　　C. 后进先出　　　　D. 后进后出

（2）栈和队列的共同点是（　　）。

　　A. 都是先进先出　　　　　　　　B. 都是先进后出

  C. 没有共同点   D. 只允许在端点处插入和删除元素

（3）设有一个栈,元素的进栈次序为 A、B、C、D、E,下列出栈序列中不可能的是( )。

  A. A、B、C、D、E   B. E、D、C、B、A

  C. E、A、B、C、D   D. B、C、D、E、A

（4）使用共同体变量,不可以( )。

  A. 节省存储空间   B. 简化程序设计

  C. 进行动态管理   D. 同时访问所有成员

（5）下列关于栈的叙述正确的是( )。

  A. 栈按"先进先出"原则组织数据   B. 栈按"先进后出"原则组织数据

  C. 只能在栈底插入数据   D. 不能删除数据

3. 思考题

（1）什么是栈?

（2）什么是队列?

（3）请简述链表的优点。

（4）请简述链表的缺点。

（5）请简述结构体和共同体的区别。

4. 编程题

（1）用栈实现将十进制数转换为任意进制的数。

（2）利用栈和队列实现以下功能:判断读入的字符序列是否为回文,例如 abccba 就是回文。

（3）在例 11-5 的基础上实现链表的逆置,链表头部除外。

第 12 章

文 件 操 作

本章学习目标
- 了解文件的概念
- 熟练掌握文件的基本操作
- 掌握文件的高级操作

所谓"文件",是指一组相关数据的有序集合。这个数据集合有一个名称,叫作文件名。文件通常是驻留在外部介质(如磁盘等)上的,在使用时才调入内存中来。

12.1 文 件 概 述

12.1.1 文件

计算机系统是以文件为单位来对数据进行管理的,打开 Windows 上的资源管理器,进入任意一个文件夹,就可以看到文件了,如图 12.1 所示。

CL_Utility	2009/6/11 4:48	PS1 文件	14 KB
DiagPackage	2009/7/14 4:21	疑难解答程序包	15 KB
DiagPackage.dll	2009/7/14 9:26	应用程序扩展	76 KB
RS_AdminDiagnosticHistory	2009/6/11 4:48	PS1 文件	2 KB
RS_MachineWERQueue	2009/6/11 4:48	PS1 文件	2 KB
RS_RemoveShortcuts	2009/6/11 4:48	PS1 文件	1 KB
RS_RemoveUnusedDesktopIcons	2009/6/11 4:48	PS1 文件	2 KB
RS_SyncSystemTime	2009/6/11 4:48	PS1 文件	3 KB
RS_UserDiagnosticHistory	2009/6/11 4:48	PS1 文件	2 KB
RS_UserWERQueue	2009/6/11 4:48	PS1 文件	2 KB
TS_BrokenShortcuts	2009/6/11 4:48	PS1 文件	3 KB
TS_DiagnosticHistory	2009/6/11 4:48	PS1 文件	3 KB
TS_InaccurateSystemTime	2009/6/11 4:48	PS1 文件	5 KB
TS_UnusedDesktopIcons	2009/6/11 4:48	PS1 文件	3 KB
TS_VolumeErrors	2009/6/11 4:48	PS1 文件	4 KB
TS_WERQueue	2009/6/11 4:48	PS1 文件	3 KB

图 12.1 Windows 系统文件夹下的部分文件

一个文件要有一个由文件路径、文件名主干和文件后缀组成的唯一标识,以便用户识别和引用,它常被称为文件名,但注意此时所称的文件名包括 3 部分内容,而不是文件名主干。文件名主干的命名规则遵守标识符的命名规则。后缀名用来表示文件的形式，一般不超过 3 个字母，如：exe(可执行文件)、c(C 语言源程序文件)、cpp(C++源程序文件)、txt(文本文件)等。

12.1.2　文本文件与二进制文件

C 语言中把"文件"看成是一个字符的序列，即由一个个字符(字节)的数据顺序组成，根据数据的组成形式可分为 ASCII 文件和二进制文件两种。ASCII 文件又称为文本(text)文件，每一个字节放一个 ASCII 代码，代表一个字符。二进制文件是把内存中的数据按其在内存中的存储形式原样输出到磁盘。例如，整数 1034 用二进制形式与用 ASCII 形式存放是不同的，如图 12.2 所示。

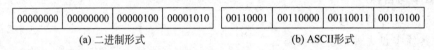

00000000	00000000	00000100	00001010		00110001	00110000	00110011	00110100

(a) 二进制形式　　　　　　　　　　　　　(b) ASCII形式

图 12.2　整数 1034 的存放形式

图 12.2 中，用 ASCII 码表示，字符与字节一一对应，便于对字符逐个处理，也便于直接进行字符输出，但一般占用存储空间较多，而且要花费二进制形式与 ASCII 形式间的转换时间。用二进制形式节省存储空间，并且不需转换时间，但一个字节不对应一个字，不能直接输出显示。

此外 Windows 有一个明显的区别是对待文本文件读写的时候，会将换行\n 自动替换成\r\n。最后文本文件和二进制文件主要是 Windows 下的概念，UNIX/Linux 并没有区分这两种文件，对所有文件一视同仁，将所有文件都看成二进制文件。

12.1.3　流

C 语言中引入了流的概念，它将数据的输入输出看作是数据的流入和流出，这样不管是磁盘文件或者是物理设备(打印机、显示器、键盘等)，都可看作一种流的源和目的。这种把数据的输入输出操作对象，抽象化为一种流，而不管它的具体结构的方法很有利于编程，而涉及流的输出操作函数可用于各种对象，与具体的实体无关，即具有通用性。

C 语言中流可分为两大类，即文本流和二进制流。

(1) 文本流是由文本行组成的序列，每一行包含 0 个或多个字符，并以'\n'结尾。在某些环境中，可能需要将文本流转换为其他表示形式(例如把'\n'映射成回车符和换行符)，或从其他表示形式转换为文本流。

(2) 二进制流是由未经处理的字节构成的序列，这些字节记录着内部数据，并具有下列性质：如果在同一系统中写入二进制流，然后再读取该二进制流，则读出和写入的内容完全相同。

程序开始执行时，默认会打开标准输入流(stdin，全称 standard input)、标准输出流(stdout，全称 standard output)和标准错误输出流(stderr，全称 standard error)三个流，它们都是文本流。有关文件操作的函数属于 C 语言标准输入输出库中的函数，为使用其中的函数,应在源程序文件的开头写上♯include<stdio.h>。

C语言对文件的输入输出是由库函数来完成的,它没有输入输出语句。从内存向磁盘输出数据必须先送到内存中的缓冲区,装满缓冲区后才一次送往磁盘,反之,从磁盘读出数据到内存,也要先将一批数据送入内存缓冲区(充满缓冲区)。然后再从缓冲区逐个将数据送到内存数据区,各个具体C版本的缓冲区大小不完全相同,一般为512字节,接下来了解一下缓冲区对文件进行操作的原理,如图12.3所示。

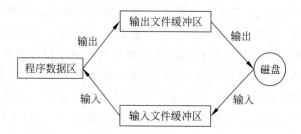

图12.3 缓冲区对文件的操作

一些流函数只能通过标准流进行操作,例如printf只能用来输出到stdout,perror只能用来输出到stderr,scanf只能从stdin读入数据等。还有一些流函数可以由开发者指定一个流作为数据来源或输出目标,例如fprintf、fputs等等,如果指定一个文件流作为这些函数的参数,那么它们就可以操作文件了。接下来通过一个案例来演示如何使用fprintf实现与printf相同的效果,具体如例12-1所示。

例12-1

```
1    # include <stdio.h>
2    int main()
3    {
4        fprintf(stdout,"Welcome to Beijing!\n");
5        return 0;
6    }
```

■ 输出:

```
Welcome to Beijing!
```

📃 分析:

fprintf使用流作为第一个参数,后面的参数和printf完全相同。

❓ 释疑:

问:什么是输入/输出设备?什么是缓冲区?

答:首先介绍什么是输入和输出。对程序而言,从某些途径接收新数据叫作输入,而将数据传输到除内存以外的某些地方就叫作输出。输入的来源设备和输出的目标设备被统称为输入/输出设备(input/output devices)。常见的输入设备有键盘、鼠标、扫描仪、触摸屏等,常见的输出设备包括显示器、打印机等等。本章中,大家最常接触到的输入/输出设备是硬盘——因为大部分文件数据都要存到硬盘上,再从硬盘读取到程序里。因此硬盘既是输入设备,又是输出设备。

问:缓冲区又是什么呢?

答:系统为了避免频繁地从输入/输出设备存取数据,在内存中预留了一块内存区域作为缓冲使用,这块区域就被称作缓冲区(buffer)。有了缓冲区之后,向输出设备输出的数据不会直接进入输出设备,而是在缓冲区中累积到一定量之后再写入输出设备;而从输入设备读取数据时,则是一次性读取一整块数据放到缓冲区中,然后再将程序真正请求的那一小部分数据从缓冲区中取出来交给程序使用。由于缓冲区是一块内存区域,因此对缓冲区的操作速度远远大于对输入/输出设备的访问,从而起到加速的作用。以操作系统为磁盘准备的缓冲区为例:某应用程序向操作系统发送 5 次请求,分别向硬盘写入 10 个字节。假如该操作系统不提供硬盘缓冲区的支持,那么每当操作系统接收到程序的请求时就会直接将数据写入硬盘,所以前后就会发生 5 次硬盘写入的操作;如果操作系统支持硬盘缓冲区,而且缓冲区的大小大于 50 字节,那么数据就会被放入缓冲区,操作系统随后选一个合适的时机将数据写入硬盘(例如缓冲区已填满的时候),这样只需一次硬盘写入的操作即可,相当于节省了 4/5 的时间。

通常缓冲区分为输入和输出两部分,因此不会出现新的输入数据将缓冲区中的输出数据覆盖的情况。

12.1.4　重定向

C 语言本身是没有 I/O 功能的语言,它是依靠函数模块来完成的。如 printf() 就是一个 I/O 函数,在编译时,编译器并不编译 printf() 函数,而是把它留在链接(link)阶段由链接器来处理。因此在设计程序时,必须指定数据的输入来源(如键盘),以及数据处理完毕后的输出目的地(如文件、打印机),这样程序才能正常运行。当指定了某个输入/输出设备后,如想改由其他设备输入/输出时,则必须要修改源程序,重新进行编译、链接。为了避免这个缺点,C 语言提供了 I/O 的重定向功能,凡是以标准 I/O 作为输入/输出的程序,均可重定向改由其他文件或设备做输入/输出。因此在编写程序时,可先用标准 I/O 作为输入/输出对象,等到真正运行时,再重定向到真正需要输入/输出的文件。这样就可避免在编写程序时设置输入/输出的文件名,当需要更改时又需返回到程序进行修改的烦恼了。

1. 输入重定向

接下来通过一个案例来演示输入重定向,具体如例 12-2 所示。

例 12-2

```
1    #include <stdio.h>
2    int main()
3    {
4        char str[100];
```

```
5        scanf( "% s", str );
6        printf("% s", str);
7        return 0;
8    }
```

输出：

分析：

通过输入重定向符"<"可以将指定文件中的文本通过 stdin 输入到例 12-2 程序中，这样 scanf 获取的字符就是文件的内容了。请在 12-2. exe 所在的文件夹下建立一个名为 in. txt 的文本文件，并输入以下内容：

通过下列语句可以将 in. txt 中的内容重定向给 12-2. exe 的 stdin：

```
12 - 2. exe < in. txt
```

2. 输出重定向

接下来通过一个案例来演示输出重定向，具体如例 12-3 所示。

例 12-3

```
1    # include < stdio. h >
2    int main()
3    {
4        printf("Hello world!\n");
5        return 0;
6    }
```

输出：

```
Hello world!
```

分析：

也可以使用输出重定向符">"将 12-3. exe 打印到屏幕上的内容输出到另一个文件

中。使用下列语句可以将 12-3.exe 的 stdout 重定向到文件 out.txt：

> 12 − 3.exe > out.txt

运行后输入内容并按回车键，会发现屏幕上没有回显。程序终止，打开 out.txt，会发现刚才输入的所有内容都在文件里，如下所示：

3. 混合重定向

将例 12-1 实现混合重定向，在命令行中输入下列语句即可实现将 in.txt 重定向为 12-2.exe 的 stdin，并将 out.txt 重定向为 12-2.exe 的 stdout。由于 12-2.exe 原原本本地将输入的内容打印出来，这条语句实现的功能是将文件 in.txt 复制为 out.txt。

> 12 − 2.exe < in.txt > out.txt

12.2　文件的常用操作

12.2.1　使用文件指针

在 C 语言中文件指针是一个指向文件的文件名、文件状态及文件当前位置等信息的指针，这些信息保存在一个结构体变量中。在使用文件时，需要在内存中为其分配空间，用来存放文件的基本信息，该结构体类型是由系统定义的，C 语言规定该类型为 FILE 型，其原型如下：

```
typedef struct
{
    short level;
    unsigned flags;
    char fd;
    unsigned char hold;
    short bsize;
    unsigned char * buffer;
    unsigned ar * curp;
    unsigned istemp;
    short token;
}FILE;
```

如上所示的结构体可以看到：使用 typedef 定义了一个 FILE 为该结构体类型，对以上结构体中的成员及其含义可不深究,只需知道其中存放文件的基本信息。

声明 FILE 结构体类型的信息包含在头文件 stdio.h 中,在程序中可以直接用 FILE 类型名来定义变量。每一个 FILE 类型变量存放该文件的基本信息。一般不通过变量名来引用这些变量,而是设置一个指向 FILE 类型变量的指针变量,通过它来引用这些 FILE 类型变量。例如,可以定义一个 FILE 类型的指针变量,示例代码如下:

```
FILE * fp;
```

上面的代码表示 fp 是指向 FILE 结构的指针变量,通过 fp 可找到存放某个文件信息的结构变量,然后按结构变量提供的信息找到该文件,实施对文件的操作。习惯上也笼统地把 fp 称为指向一个文件的指针。

？ 释疑:

问:文件指针是不是指向文件内容的指针?

答:文件指针不是指向文件内容的指针。对于指针 FILE * p,p 指向的是文件信息结构体,这个结构体对应的文件有可能是打开状态,也有可能是关闭状态,但无论如何,要想访问文件内容,必须通过使用文件操作函数从对应的文件中取得数据,而不能使用 p 作为文件内容的指针,试图从 p 中读取文件数据。下一小节将介绍如何使用文件操作函数读取文件数据。

12.2.2 文件的基本操作步骤

在 C 语言中,文件操作的基本步骤如图 12.4 所示。

在处理文件之前,首先需要打开指定文件路径和文件名的文件。不打开文件,程序无法操作该文件,无法向该文件写入和读取内容。使用 fopen 函数打开文件后,程序会得到一个 FILE * 指针,后面的操作都要用到这个指针。程序应当使用 fread、fwrite、fgets、fputs 等文件操作函数从文件中读出数据或将数据写入文件。完成操作后,应及时使用 fclose 函数将打开的文件关闭。关闭文件时,如果其相应的缓冲区中有数据就会自动清空,并写入文件中。一般而言,一个程序能够同时打开的文件数量是有限的,使用文件后及时关闭文件是良好的编程习惯,节约系统资源。

**图 12.4 文件操作的
基本流程**

下面将演示如何以文本流写入模式打开一个文件,写入"Hello, world!",再关闭文件的过程,如例 12-4 所示。

例 12-4

```
1  # include < stdio.h >
2  int main()
3  {
4      FILE * fp;
5      fp = fopen("data.txt", "w");
```

```
6        if(fp == NULL)
7        {
8            printf("无法打开 data.txt。\n");
9            return -1;
10       }
11       fputs("Hello, world!\n", fp);
12       fclose(fp);
13       printf("文件写入结束。\n");
14       return 0;
15   }
```

输出：

文件写入结束。

分析：

请编译并运行该程序，如果一切正常的话（例如，当前 data.txt 没有被另一个程序占用），可以看到如上的输出结果。

这时在工程文件夹下应当可以看到 data.txt 文件，打开后其内容如下：

这样就完成了第一次操作文件的过程，下面将讲解更多有关文件基本操作的函数和方法。

12.2.3　打开文件

C 语言中用函数 fopen 打开文件，并得到相应的文件指针，其调用格式为：

```
FILE * fp;
fp = fopen(char * filename, char * mode);
```

filename 为文件名（包括文件路径），mode 为打开方式，它们都是字符串。文件名实质是一个指向了存储文件完整路径的字符串指针，如果路径不包括盘符，且不以"\"开头，那么这个路径是相对路径（相对于程序当前的运行目录）；反之这个文件路径就是绝对路径（与程序当前的运行目录无关）。

下面的代码都可以用来打开程序当前运行目录下的 test.txt 文件：

```
FILE * fp = fopen("test.txt", "w");          /* 第一种方式 */
FILE * fp = fopen(".\\test.txt", "w");       /* 第二种方式 */
/* 第三种方式 */
char filename[] = "test.txt";
FILE * fp = fopen(filename, "w");
```

下面的代码可以用来打开 D 盘下 hello 文件夹内的 world.txt 文件：

```
FILE * fp = fopen("D:\\hello\\world.txt", "w");
```

打开方式有很多种，如表 12.1 所示。

表 12.1　文件打开方式

打 开 方 式	含　　义
r(只读)	打开文件，只允许读取数据，该文件必须存在
r+(读写)	打开文件，允许读取和写入，该文件必须存在
rb+(读写)	打开一个二进制文件，允许读/写数据
rt+(读写)	打开一个文本文件，允许读和写
w(只写)	覆盖原文件或创建该文件
w+(读写)	覆盖原文件或创建该文件
a(追加写)	创建该文件或向文本文件尾写入数据(即保留原文件的内容)
a+(追加读写)	创建新文件或向文本文件尾写入数据(即保留原文件的内容)
wb(只写)	打开或新建一个二进制文件，只允许写数据
wb+(读写)	打开或创建一个二进制文件，允许读和写
wt+(读写)	打开或创建一个文本文件，允许读和写
at+(读写)	打开一个文本文件，允许读或在文件尾写入数据
ab+(读写)	打开一个二进制文件，允许读或在文件尾写入数据

如上所示的文件打开方式由 r、w、a、t、b、+这 6 个字符拼成，其含义如下所示：

```
r(read)：读
w(write)：写
a(append)：追加
t(text)：文本文件，可省略不写
b(binary)：二进制文件
```

!　注意：

以任意一个 w 模式打开文件都会覆盖已有文件，就算不写入任何数据，仅仅使用 fopen 打开也会清空文件已有的内容。因此在使用 w 模式的时候一定要多加小心！

12.2.4　关闭文件

文件一旦使用完毕，应该用 fclose()函数把文件关闭，以释放相关资源，避免数据丢失。其函数原型为：

```
int fclose(FILE * fp);
```

fp 为文件指针。例如：

```
fclose(fp);
```

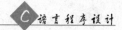

只要将成功打开的文件指针作为唯一参数传递给 fclose 函数即可。文件正常关闭时,fclose()的返回值为 0,如果返回非零值,则表示有错误发生。一般而言,关闭文件不会发生错误,而且就算发生了错误,原来的文件指针 p 也已经失效。因此在调用 fclose 之后,一般来说无须检查返回值,且不能再次使用原来的文件指针进行任何文件操作。

12.2.5 读写文件

文件打开成功后,就可以对文件进行读写操作。下面将分别学习如何从文件中读取与写入一个字符。

1. 从文件中读取一个字符

可使用 fgetc 函数来实现读取一个字符,其函数原型为:

```
int fgetc(FILE * fp);
```

fgetc 函数从指定流 fp 中读取字符,并返回读取到字符的 ASCII 码,如果 fgetc 读取错误或读到文件尾,则返回 EOF。

接下来通过一个案例来演示用 fgetc 函数读取一个字符,具体如例 12-5 所示。

例 12-5

```
1    # include < stdio. h >
2    int main()
3    {
4        int ch;
5        ch = fgetc(stdin);
6        printf(" % c",ch);
7        return 0;
8    }
```

⌨ **输入:**

B

🖥 **输出:**

B

📑 **分析:**

第 5 行:调用 fgetc 从标准流 stdin 的缓冲区中读取一个字符,并返回该字符的 ASCII 码,将其赋值给整型变量 ch。

第 6 行：以字符形式输出 ch 的值。

! 注意：

fgetc 函数允许用户指定一个流，假如用户指定一个文件流，那么将从文件中读取字符。

2. 从文件中写入一个字符

可使用 fputc 函数来实现写入一个字符，其函数原型为：

```
int fputc(int ch,FILE * fp);
```

fputc 函数把字符 ch 写入指定流 fp，成功将返回字符 ch 的 ASCII 码，失败时返回 EOF，fputc 函数的第 2 个参数允许用户指定一个流，假如用户指定一个文件流，那么字符将输出在文件中而不是屏幕上。

接下来通过一个案例来演示用 fputc 函数写入一个字符，具体如例 12-6 所示。

例 12-6

```
1    # include < stdio. h>
2    int main()
3    {
4        char ch = 'A';
5        fputc(ch,stdout);
6        ch = fputc('C', stdout);
7        printf(" % c",ch);
8        return 0;
9    }
```

■ 输出：

```
ACC
```

📋 分析：

第 5 行：调用 fputc 将 ch 的值写到标准输出流 stdout 中，然后通过 stdout 输出到屏幕上。

第 6 行：调用 fputc 将字符 C 写到标准输出流 stdout 中，然后通过 stdout 输出到屏幕上，返回值赋给 ch。

第 7 行：输出字符 ch 的值，正是字符 C。

12.2.6 按行读写文件

前面是以单个字符为基数对文件进行读写，显然效率很低。C 语言提供了以字符串为单位对文件进行读写的函数。下面来学习一下从文件中读取字符串，其函数原型为：

```
char * fgets(char * str,int n,FILE * fp);
```

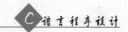
其功能是从由 fp 指定的文件中读取 n-1 个字符,并把它们存放到由 str 指出的字符数组中去,最后加上一个字符串结束符'\0',其中各参数含义如下:

str——接收字符串的内存地址,可以是数组名,也可以是指针。

n——指出要读取字符的个数。

fp——这是个文件指针,指出要从中读取字符的文件。

fgets 函数的返回值为字符串的内存首地址,即 str 的值,若返回一个 NULL 值,应当用 feof 或 ferror 函数来判别是读取到了文件尾,还是发生了错误。例如,要从"写打开"文件中读取字符串将发生错误而返回一个 NULL 值。

fgets 会将换行符也放在读取的字符串末尾,再在后面添加空字符来结束字符串。如果 fgets 从文件末尾开始读取(即遇到 EOF),则将返回 NULL。可以通过判断 fgets 的返回值来确定是否读取到文件末尾。

接下来学习向文件中写入一个字符串,其函数原型为:

```
int fputs(char * str,FILE * fp);
```

其功能是把由 str 指出的字符串写入到 fp 所指的文件中去,其中各参数含义如下:

str——指出要写到文件中的字符串。

fp——文件指针,指出字符串要写入其中的文件。

fputs 函数返回 0,表示写入文件成功,否则,表示写入文件失败。

fputs 函数是将指定文件写入一个由 str 指向的字符串,'\0'不写入文件。由于 fgets 在字符串末尾会保留换行符,而 fputs 并不会在输出时再次添加换行符,因此这两个函数可以很好地配合使用,例如用 fgets 从一个文本文件里读入字符串,然后用 fputs 输出另一个文本文件,可以得到一份完整的副本。

12.2.7 格式化文件输入输出

格式化文件输入输出函数是在 scanf 和 printf 两个函数名前加 f,表明"读写对象是磁盘文件而不是键盘和显示器"。其函数的原型为:

```
int fprintf(FILE * fp,char * format,arg_list);
int fscanf(FILE * fp,char * format,arg_list);
```

其功能是按格式对文件进行输入输出操作,其中各参数含义如下:

fp——文件指针,指出要将数据写入的文件。

format——指向字符串的字符指针,字符串中含有要写出数据的格式,所以该字符串称为格式串,格式串描述的规则与 printf()函数中的格式串相同。

arg_list——是要写入(读取)文件的变量表,各变量之间用逗号分隔。

fprintf 和 fscanf 与普通的 printf 和 scanf 用法几乎一致,唯一的不同在于多了第一个参数(文件指针),用于标识输入的源文件或输出的目的文件。

当输入输出正确时,两个函数返回正确处理的字符数,当出错或遇到文件尾时,返回

EOF(—1)。

```
fprintf(fp,"%d,%6.2f",i,t);        //将 i 和 t 按%d,%6.2f 格式输出到 fp 文件
fscanf(fp,"%d,%f",&i,&t);          //若文件中有 3,4.5 ,则将 3 送入 i, 4.5 送入 t
```

在程序中不仅需要一次输入输出一个数据,而且常常需要一次输入输出一组数据(数组或结构体变量的值),C 语言允许使用 fread 函数从文件中读取一个数据块,用 fwrite 函数向文件写一个数据块,在读写时是以二进制形式进行的。在向磁盘写入数据时,直接将内存中的一组数据原样地复制到磁盘文件中,在读取时也是将磁盘文件中若干字节的内容分批读入内存。

读数据块函数原型为:

```
size_t fread(void * buffer, size_t size, size_t count, FILE * fp)
```

其作用是从文件 fp 中读入 count 次,每次读 size 字节,读入的信息存在 buffer 指针指向的缓冲区。函数返回值等于实际读入的次数(可能少于 count)。

写数据块函数原型为:

```
size_t fwrite(void * buffer, size_t size, size_t count, FILE * fp):
```

其作用是将 buffer 地址开始的信息,写入 count 次,每次写 size 字节至文件 fp 中。函数返回值等于实际写入的次数(可能少于 count)。

在 fread 函数中,buffer 表示存放输入数据的首地址。在 fwrite 函数中,buffer 表示存放输出数据的首地址。fread 函数可以从一个文件中读出一个结构,并直接赋给结构体。fwrite 函数可以将一个结构体写入文件。

12.3 文件的高级操作

12.3.1 随机读写文件

随机读写是指读写完成上一个字符(字节)后,并不一定要读写其后续的字符(字节),而可以读写文件中任意位置上所需的字符(字节)。即对文件读写数据的顺序和数据文件中的物理顺序一般是不一致的。它可以在任何位置写入数据,在任何位置读取数据。

1. 得到文件位置指针的当前位置

函数 ftell()用于得到文件位置指针当前位置相对于文件首的偏移字节数。在随机方式存取文件时,由于文件位置频繁地前后移动,程序不容易确定文件的当前位置。使用 fseek 函数后再调用 ftell()函数就能非常容易地确定文件的当前位置,其函数原型为:

```
long ftell(FILE * fp);
```

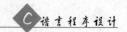

函数的作用是取得由文件指针 fp 指定文件的当前读/写位置,该位置值用相对于文件开头的位移量来表示。ftell()函数的返回值类型是 long,这是因为文件大小可能超过 unsigned int 型变量能表示的最大值(大约 4GB),所以文件位置指针的值也可能超过 unsigned int 型变量所允许的最大值,若获取失败返回 EOF(−1)。

2. 修改文件位置指针的位置

fseek()函数用来将位置指针移动到任意位置,其原型为:

```
int fseek ( FILE * fp, long offset, int origin );
```

其中各参数含义如下:

fp——文件指针,也就是被移动的文件。

offset——偏移量,也就是要移动的字节数。之所以为 long 类型,是希望移动的范围更大,能处理的文件更大。

origin——为起始位置,也就是从何处开始计算偏移量。

C 语言规定的起始位置有三种,分别为文件开头、当前位置和文件末尾,每个位置都用对应的常量来表示,如表 12.2 所示。

表 12.2 origin 的可取值

值	起 始 点	数 字 值
SEEK_SET	文件开头	0
SEEK_CUR	当前位置	1
SEEK_END	文件末尾	2

表 12.2 列出了 origin 的可取值,代码示例如下:

```
fseek(fp,100L,SEEK_SET);      //把 fp 指针移动到离文件开头 100 字节处
fseek(fp,100L,SEEK_CUR);      //把 fp 指针移动到离文件当前位置 100 字节处
fseek(fp,100L,SEEK_END);      //把 fp 指针退回到离文件结尾 100 字节处
```

另外,SEEK_SET、SEEK_CUR 和 SEEK_END 都是在 stdio.h 中定义的常量,为保证代码的兼容性和可读性,在代码中请不要直接使用数字 0、1、2 替换这三个常量。

3. 使文件位置指针指向文件开头

rewind()函数可以使文件位置指针重新指向文件开头,其函数原型为:

```
void rewind(FILE * fp);
```

其作用是将文件内部的位置指针重新指向一个流(数据流/文件)的开头。

⚠ 注意:

文件指针不是文件内部的位置指针,随着对文件读写文件的位置指针(指向当前读

写字节)向后移动。而文件指针是指向整个文件,如果不重新赋值,文件指针不会改变。

12.3.2　统计文件内容

在办公中统计文件的内容是很常用的功能,如单词数目、数字数目、标点符号数目等等。接下来通过一个案例来演示对程序主文件中大小写英文字母、空格、数字及其他字符数量的统计,具体如例 12-7 所示。

例 12-7

```
1    # include < stdio.h >
2    int main()
3    {
4        char ch;
5        long capital = 0, small = 0, digits = 0, spaces = 0, others = 0;
6        FILE * fp = fopen("main.c","rb");
7        if(fp == NULL)
8        {
9            printf("打开文件时发生错误\n");
10           return - 1;
11       }
12       ch = fgetc(fp);
13       while(ch != EOF)
14       {
15           if(ch >= 'A' && ch <= 'Z')
16           {
17               ++capital;
18           }
19           else if(ch >= 'a' && ch <= 'z')
20           {
21               ++small;
22           }
23           else if(ch >= '0' && ch <= '9')
24           {
25               ++digits;
26           }
27           else if(ch == ' ')
28           {
29               ++spaces;
30           }
31           else
32           {
33               ++others;
34           }
35           ch = fgetc(fp);
36       }
37       printf("统计完成。\n");
38       printf("文件中有大写字母:% ld 个\n 小写字母:% ld 个"
```

```
39                "\n 数字: % ld 个\n 空格: % ld 个\n 其他字符: % ld 个\n",
40              capital, small, digits, spaces, others);
41      return 0;
42 }
```

输出:

统计完成。
文件中有大写字母: 13 个
小写字母: 270 个
数字: 10 个
空格: 137 个
其他字符: 413 个

分析:

由于例 12-7 中只统计文本文件中各种类型字符的数量,因此使用文本视图打开待统计的文件。另外需注意,统计量存放在 5 个 long 型变量中,一定要为这 5 个变量设置初始值。

12.3.3　错误处理

C 语言中在对文件进行操作时可能出现各种错误,最常见的是文件打开方式错误、文件权限不足和硬件错误(如读取正在拔出的 U 盘中的文件)造成文件打开或读写出错。

1. 错误的打开方式

若用 w 方式打开文件 hello. txt,在尝试从文件中读入数据就会发生错误。接下来通过一个案例来演示这种情况,具体如例 12-8 所示。

例 12-8

```
1   # include < stdio. h >
2   int main()
3   {
4       FILE * fp;
5       char ch;
6       fp = fopen("test. txt","w");
7       if(fp == NULL)
8       {
9           printf("无法打开 test.txt\n");
10          return - 1;
11      }
12      fputs("Hello, world!\n", fp);
13      fseek(fp, 0, SEEK_SET);
14      printf("文件写入结束。\n");
15      ch = fgetc(fp);
16      while(ch != EOF)
```

```
17      {
18          putc(ch, stdout);
19      }
20      printf("文件读取结束。\n");
21      fclose(fp);
22      return 0;
23  }
```

输出:

```
文件写入结束。
文件读取结束。
```

分析:

程序并没有从文件中读入任何字符。由于文件的打开模式并不包含读取权限,因此第 15 行调用 fgetc 试图读取文件时发生错误,直接返回了 EOF。程序认为读取已经结束,因此直接输出了"文件读取结束。"字样。

C 语言提供了 feof 和 ferror 函数用来判断文件流的当前状态。feof 可以判断文件流是否已经到达文件尾,若返回非零值,则意味着文件流已到达文件尾。ferror 可以判断文件流是否发生错误,同样,若返回非零值,则意味着文件流发生了错误。

接下来通过一个案例来演示对文件操作是否发生错误的判断,并向用户做出相应的提示,具体如例 12-9 所示。

例 12-9

```
1   # include < stdio. h >
2   int main()
3   {
4       FILE * fp;
5       char ch;
6       fp = fopen("test.txt","w");
7       if(fp == NULL)
8       {
9           printf("无法打开 test.txt。\n");
10          return - 1;
11      }
12      fputs("Hello, world!\n", fp);
13      fseek(fp, 0, SEEK_SET);
14      printf("文件写入结束。\n");
15      ch = fgetc(fp);
16      while(ch != EOF)
17      {
18          putc(ch, stdout);
19      }
```

```
20     if(ferror(fp))
21     {
22         printf("文件读取过程中发生错误。\n");
23     }
24     else
25     printf("文件读取结束。\n");
26     fclose(fp);
27     return 0;
28 }
```

输出：

文件写入结束。
文件读取过程中发生错误。

分析：

如上程序判断了文件操作是否发生错误，并给用户友好提示。

2. 文件权限不足

文件权限不足是由于计算机的文件系统为每个文件维护了一个属性集，不同的文件系统提供不尽相同的文件属性，这里以常见的只读属性为例进行展示。首先创建一个设置为只读的 test.txt 文件，接下来通过一个案例来演示以只写的方式打开并操作该文件，具体如例 12-10 所示。

例 12-10

```
1    # include < stdio.h >
2    int main()
3    {
4        FILE * fp;
5        fp = fopen("test.txt", "w");
6        if(fp == NULL)
7        {
8            printf("打开 test.txt 失败,权限不足\n");
9            return - 1;
10       }
11       fputs("Hello, world!\n", fp);
12       printf("文件写入结束。\n");
13       fclose(fp);
14       return 0;
15   }
```

输出：

打开 test.txt 失败,权限不足

📝 **分析：**

运行程序后提示错误，要解决这个问题，只需将 test.txt 的只读属性去掉即可。

12.3.4 文件的加密与解密

在现代社会，人们对于隐私越来越重视，因此程序对于数据进行加密也变得格外重要。接下来将完成一个文件加密小工具，可以对文件中的数据进行基础的保护，保护用户的隐私。

设置加密的基础是异或运算，在前面已经学习过异或运算，其运算的特点是：与同一个数据异或两次即可得到原来的数据。利用这个特点就可以实现文件的加密和解密。基本思路是将文件中的数据（称为明文）和用户输入的密钥进行逐位异或，从而得到加密后的文件（称为密文）；解密时需要用户输入完全相同的密钥，将密文与密钥逐位异或，从而得到原始文件数据。

明文、密钥和密文的关系如下所示：

```
明文 ^密钥 = 密文
密文 ^密钥 = 明文 ^密钥 ^密钥 = 明文
```

这也保证了输入错误的密码无法解密文件。解密时，只要使用同样的密码再次运行程序即可。接下来通过一个案例来演示文件加密与解密，具体如例 12-11 所示。

例 12-11

```
1    #include <stdio.h>
2    #include <string.h>
3    int main()
4    {
5        int ch;
6        char fileNameIn[100],fileNameOut[100];
7        char pass[101];
8        int size;
9        int i = 0;
10       FILE * in, * out;
11       printf("请输入要加密/解密的文件名");
12       scanf("%s",fileNameIn);
13       in = fopen(fileNameIn, "rb");
14       if(in == NULL)
15       {
16           printf("打开源文件时发生错误。\n");
17           return -1;
18       }
19       printf("目标文件的文件名");
20       scanf("%s",fileNameOut);
21       out = fopen(fileNameOut, "wb");
22       if(out == NULL)
```

```
23      {
24          printf("打开目标文件时发生错误。\n");
25          return -1;
26      }
27      printf("请输入密码(最大长度100): ");
28      scanf("%s",pass);
29      size = strlen(pass);
30      ch = getc(in);
31      while(ch != EOF)
32      {
33          ch = ch^(pass[i % size]);
34          fputc(ch, out);
35          ++i;
36          ch = fgetc(in);
37      }
38      fclose(in);
39      fclose(out);
40      return 0;
41 }
```

输出：

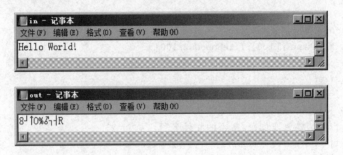

下面是加密前后的两个文本文件的对比。

分析：

在实现文件加密和解密过程中应注意以下4点：

（1）由于加密和解密的算法完全相同,程序运行两次即可实现加密和解密的过程,同时用在加密过程和解密过程中。

（2）为保证读入的数据和文件中的数据完全一致,应使用二进制文件形式打开源文件和目标文件。

（3）密码的最大长度为100,由于字符串的末尾有空字符'\0',因此存放密码的数组

password 的大小应为 101 个字节。

（4）为保证原始数据的安全，可以考虑加密后将原始文件删除。

12.4　本章小结

通过本章的学习，能够掌握 C 语言中如何对文件进行操作，重点要了解的是计算机系统是以文件为单位，来对数据进行管理。

12.5　习题

1. 填空题

（1）计算机系统是以_____为单位，来对数据进行管理的。

（2）C 语言本身是没有 I/O 功能的语言，它是依靠_____来完成的。

（3）C 语言对文件的输入输出是由_____来完成的，它没有输入输出语句。

（4）C 语言中用函数_____来打开文件，并得到相应的文件指针。

（5）函数_____用于得到文件位置指针当前位置相对于文件首的偏移字节数。

2. 选择题

（1）为写而打开文本 my.dat 的正确写法是（　　）。
A. fopen("my.dat","rb")
B. fp＝fopen("my.dat","r")
C. fopen("my.dat","wb")
D. fp＝fopen("my.dat","w")

（2）当已经存在一个 file1.txt 文件，执行函数 fopen("file1.txt","r＋")的功能是（　　）。
A. 打开 file1.txt 文件，清除原有的内容
B. 打开 file1.txt 文件，只能写入新的内容
C. 打开 file1.txt 文件，只能读取原有内容
D. 打开 file1.txt 文件，可以读取和写入新的内容

（3）以下可作为函数 fopen()中第1个参数的正确格式是（　　）。
A. "c:\myfile\1.text"
B. "c:\myfile\1.txt"
C. "c:\myfile\1"
D. "c:\\myfile\\1.txt"

（4）为写而打开文本 my.dat 的正确写法是（　　）。
A. fopen("my.dat","rb")
B. fp＝fopen("my.dat","r")
C. fopen("my.dat","wb")
D. fp＝fopen("my.dat","w")

（5）若执行 fopen 函数时发生错误，则函数的返回值是（　　）。
A. 地址值
B. 0
C. 1
D. NULL

3. 思考题

(1) 请简述文件的概念。

(2) 请简述文本文件与二进制文件的区别。

(3) 请简述流的概念。

(4) 文件如何重定向？

(5) 文件操作有哪些常用函数？

4. 编程题

(1) 有 5 名学生，每个学生有 3 门课的成绩，从键盘输入以上数据（包括学生号、姓名、3 门课成绩），计算出平均成绩，将原有的数据和计算出的平均分数存放在磁盘文件 stud 中。

(2) 有两个磁盘文件 A 和 B，各存放一行字母，要求把这两个文件中的信息合并（按字母顺序排列），输出到一个新文件 C 中。

第 13 章

预 处 理

本章学习目标
- 熟练掌握宏定义
- 熟练掌握文件包含
- 熟练掌握条件编译

预处理指令在 C 语言中占有重要的地位,它是程序从源代码到可执行文件的编译流程中的第一步,在这一步中,编译器会根据预处理指令进行宏定义替换,包含头文件,进行条件编译等操作。

13.1 宏 定 义

宏定义是最常用的预处理功能之一,对于预处理器而言,它在遇到宏定义之后,会将随后在源代码中出现的宏名进行简单的替换操作。

13.1.1 #define 与 #undef

宏定义指令以 #define 开头,后面跟随宏名和宏体,其语法格式如下:

```
#define 宏名 宏体
```

为了和其他变量以及关键字进行区分,宏定义中的宏名一般由全大写英文字母以及下画线组成。注意末尾没有分号,因为这是指令而非语句,具体示例如下:

```
#define PI 3.14
```

在这个宏定义中定义了一个标识符 PI,它所代表的值是 3.14。预编译时在随后的源代码中凡是出现了 PI 的地方都会被替换为 3.14,这个过程称为宏展开。接下来通过一个案例来演示 #define 的使用,具体如例 13-1 所示。

例 13-1

```
1   #include <stdio.h>
2   #define PI 3.14
```

```
3   int main()
4   {
5       printf("% f\n", PI);
6       return 0;
7   }
```

输出:

```
3.140000
```

除了 #define 之外,相应的还有 #undef 指令。#undef 指令用于取消宏定义。在 #define 定义了一个宏之后,如果预处理器在接下来的源代码中遇到了 #undef 指令,那 么从 #undef 之后这个宏就都不存在了,接下来通过一个案例来演示 #undef 的使用,具 体如例 13-2 所示。

例 13-2

```
1   # include < stdio. h>
2   # define PI 3.14
3   int main()
4   {
5       printf("% f\n", PI);
6   # undef PI
7       printf("% f\n", PI);
8       return 0;
9   }
```

输出:

```
error C2065: 'PI' : undeclared identifier
```

分析:

第 2 行:定义了宏 PI。

第 5 行:使用 printf 函数输出 PI 的值。

第 6 行:利用 #undef 指令取消 PI 这个宏。

第 7 行:这行开始,PI 这个宏定义就不存在了,这里依然试图使用宏定义 PI 并输出 它的值,结果报错。

13.1.2 不带参数的宏定义

宏定义分为不带参数的宏定义和带参数的宏定义,在 13.1.1 节中,使用 #define 指 令完成了简单的字符替换工作就属于不带参数的宏定义,两者的区别在于是否有参数列 表,本节将介绍不带参数的宏定义的其他用法。接下来通过一个案例来演示如何使用宏定义替换表达式及字符串,具体如例 13-3 所示。

例 **13-3**

```
1   # include < stdio. h>
2   # define PLUS 1 + 2
3   # define STRING "Hello world! \n"
4   int main()
5   {
6       printf("1 + 2 = % d\n", PLUS);
7       printf(STRING);
8       return 0;
9   }
```

输出:

```
1 + 2 = 3
Hello world!
```

分析:

第 2 行:定义了一个宏 PLUS,用来计算 1+2 的值。

第 3 行:定义了一个宏 STRING,用来输出字符串"Hello world!"。

第 6 行:调用 printf 函数输出 1+2 的值。

第 7 行:调用 printf 函数输出字符串"Hello world!"。

13.1.3 带参数的宏定义

除了无参数的宏定义之外,有的时候在程序中更希望能够使用带参数的宏定义,这样在完成替换过程的时候会有更多的灵活性,其语法格式如下:

```
# define 宏名(形参列表) 宏体
```

接下来通过一个案例来演示带参宏定义的使用,具体如例 13-4 所示。

例 **13-4**

```
1   # include < stdio. h>
2   # define PI 3.14
3   # define CIR(x) 2 * PI * x
4   int main()
5   {
6       double r = 2.0;
7       printf("2 * pi * r = % f\n", CIR(r));
8       return 0;
9   }
```

```
2 * pi * r = 12.560000
```

分析：

第 3 行：定义了一个带参数的宏定义：

```
#define CIR(x) 2 * PI * x
```

这里 x 是宏定义中的参数。对于带参数的宏定义，在预处理过程中首先会将参数替换进宏定义中，再用替换参数后的宏定义在源代码中做替换。

第 7 行：这里使用到了 CIR(r)，那么首先在第 3 行的宏定义中，参数 x 被换为 r，宏定义 CIR(r) 的值为 2×PI×r，具体示例如下：

```
printf("2 * pi * r = %f\n", 2 * PI * r);
```

这里还嵌套了宏定义 PI，它也会被替换为 3.14，最终第 7 行在经过预处理之后变为：

```
printf("2 * pi * r = %f\n", 2 * 3.14 * r);
```

13.1.4 带参宏的注意事项

带参宏的参数不同于函数中的参数，带参宏的参数只是简单的替换，因此将一个表达式传递给带参宏，如果不加括号的话，很有可能会出问题。接下来通过一个案例来演示这种情况，具体如例 13-5 所示。

例 13-5

```
1   #include <stdio.h>
2   #define S(a) a * a
3   int main()
4   {
5       printf("正方形的面积为：%d平方厘米",S(8 + 2));
6       return 0;
7   }
```

输出：

```
正方形的面积为：26 平方厘米
```

分析：

第 2 行：定义了一个宏。

第 5 行：将 8+2 传递给形参 a，原意是想计算出(8+2)×(8+2)的结果，没想到 8+2 只是简单地替换掉了 a，因此带参宏 S 展开后为：8+2×8+2，编译时求出结果为 26。

为了让 8+2 先执行，需要将 8+2 用小括号括起来，再传递给形参 a，如 S(8+2)，或者将宏体中的 a 用小括号括起来，如"♯define S(a) (a)＊(a)"，这样带参宏 S 展开后方为(8+2)×(8+2)，编译时求出结果为 100。

13.1.5 带参宏与函数的区别

带参宏与函数共有 8 点不同之处，具体如下：

(1) 宏会在编译器在对源代码进行编译的时候进行简单替换，不会进行任何逻辑检测，即简单代码复制而已。

(2) 宏进行定义时不会考虑参数的类型。

(3) 参数宏的使用会使具有同一作用的代码块在目标文件中存在多个副本，即会增长目标文件的大小。

(4) 参数宏的运行速度会比函数快，因为不需要参数压栈/出栈操作。

(5) 参数宏在定义时需留心，多加括号。

(6) 函数只在目标文件中存在一处，比较节省程序空间。

(7) 函数的调用会牵扯到参数的传递，压栈/出栈操作，速度相对较慢。

(8) 函数的参数存在传值和传地址(指针)的问题，参数宏不存在。

13.1.6 宏的嵌套定义

前面讲解了不带参宏和带参宏，关于宏的使用，还可以将一个宏嵌套在另一个宏的定义中，接下来通过一个案例来演示宏的嵌套定义，具体如例 13-6 所示。

例 13-6

```
1    #include <stdio.h>
2    #define R 10
3    #define PI 3.1415926
4    #define S PI * R * R
5    int main()
6    {
7        printf("设圆的半径为： %d\n 则圆的面积为： %f\n",R,S);
8        return 0;
9    }
```

■ 输出：

```
设圆的半径为：10
则圆的面积为：314.159260
```

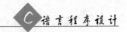 **分析：**

第 2 行：定义宏 R，代表圆的半径为 10。

第 3 行：定义宏 PI，代表圆周率 3.1415926。

第 4 行：定义宏 S，代表圆的面积，面积公式为圆周率乘以半径的平方。

注意：

宏 S 的定义中嵌套了两个宏，这样对程序进行预处理时，会将第 7 行的 S 展开为 PI * R * R，然后再将 PI 和 R 展开，即一个求圆面积的运算式：3.1415926×10×10。

13.2　文　件　包　含

文件包含是指一个文件可以将另外一个文件的全部内容包含进来，C 语言中通过 #include 指令来实现文件包含。在预处理过程中出现 #include 引入文件的地方，被包含文件的内容会被直接插入到文件中文件包含指令相对应的位置，然后再对合并后的文件进行编译。使用文件包含指令，可以减少重复性的劳动，有利于程序的修改和维护，同时也是模块化设计思想所要求的。

13.2.1　源文件与头文件

在 C 语言程序中，头文件被大量使用。一般而言，每个 C 程序通常由头文件(. h)和源文件(. c)组成。头文件作为一种包含功能函数、数据接口声明的载体文件，用于保存程序的声明，它就像是一本书中的目录，读者通过目录，可以很方便地查阅其需要的内容(函数库)。而源文件用于保存程序的实现。

在开发过程中，把源文件与头文件分开写成两个文件是一个良好的编程习惯，程序中需要使用到这些信息时，就用 #include 命令把它们包含到所需的位置上去，从而免去每次使用它们时都要重新定义或声明的麻烦。

13.2.2　引入头文件

一般来说，在程序中包含头文件的方式有两种，具体示例如下：

```
#include <stdio.h>
#include "stdio.h"
```

第 1 种方式将通知预处理在编译器自带的头文件中搜索文件名 stdio. h。

第 2 种方式将通知预处理在当前程序的文件夹下搜索该文件，假如搜索不到，再去编译器自带的头文件中进行搜索。

可根据情况选择这两种方式之一，假如程序建立在 c：\temp 目录下，同时用户将 stdio. h 文件也复制到了该目录下，那么采用第 2 种方式会提高搜索效率，因为它首先到当前程序目录下进行搜索。

13.3 条 件 编 译

条件编译指令用来告诉编译系统在不同的条件下,需要编译不同位置的源代码。一般情况下源程序中所有语句都参加编译。但有时希望在满足一定条件时,编译其中的一部分语句,在不满足条件时编译另一部分语句,这就是所谓的条件编译。正确合理地使用条件编译指令可以给予程序很大的灵活性,例如,一套程序要产生不同的版本(如演示版本和实际版本),避免重复定义时往往使用条件编译。

13.3.1 #if/#else/#endif

#if 指令、#else 指令和 #endif 指令三者经常结合在一起使用。它们的使用方法与前面 if else 语句类似,其语法格式如下:

```
#if 条件
    源代码 1
#else
    源代码 2
#endif
```

编译器只会编译源代码 1 和源代码 2 两段中的一段。当条件为真时,编译器会编译源代码 1,否则编译源代码 2。一个经典的使用 #if/#else/#endif 的情景是当一个程序需要支持不同平台时,根据 #if 当中的条件可以选择编译不同段的代码,从而实现对不同平台的支持。接下来通过一个案例来演示这 3 个指令的使用,具体如例 13-7 所示。

例 13-7

```
1   #include <stdio.h>
2   #define WIN32   0
3   #define x64     1
4   #define SYSTEM x64
5   int main()
6   {
7   #if SYSTEM == win32
8       printf("win32\n");
9   #else
10      printf("x64\n");
11  #endif
12      return 0;
13  }
```

■ 输出:

```
x64
```

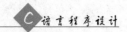 **分析：**

第 4 行：用宏定义 SYSTEM 定义了操作系统的位数是 64 位。

第 7 行：利用一个条件编译指令判断 SYSTEM 是否是 32 位，如果是，就输出 win32，否则输出 x64。

在实际的项目中不会只输出 printf 那么简单。由于不同的平台可能需要不同的代码来处理诸如数据类型不一致等情况，♯if/♯else/♯endif 的这种框架可以用来实现在源代码中支持不同的平台，以确保程序可以兼容不同的运行环境。

此外，♯if 还可以屏蔽掉包含注释的代码段，/＊…＊/这种注释方法不能嵌套使用，可以使用♯if 来实现，具体示例如下：

```
♯ if 0
    包含/ * … * /注释的源代码
♯ endif
```

13.3.2　♯elif

为了提供更多便利，预处理器还支持♯elif 指令，♯elif 的作用和 else if 语句类似，它可以和♯if 指令结合使用，来测试一系列条件，其语法格式如下：

```
♯ if 条件
    源代码 1
♯ elif 条件
    源代码 2
♯ else
    源代码 3
♯ endif
```

接下来通过一个案例来演示如何让例 13-7 支持更多的平台，具体如例 13-8 所示。

例 13-8

```
1   ♯ include < stdio. h >
2   ♯ define WINDOWS   0
3   ♯ define MAC      1
4   ♯ define LINUX    2
5   ♯ define SYSTEM WINDOWS
6   int main()
7   {
8   ♯ if SYSTEM ==  WINDOWS
9      printf("Windows\n");
10  ♯ elif SYSTEM ==  MAC
11     printf("Mac\n");
12  ♯ elif SYSTEM ==  LINUX
```

```
13      printf("Linux\n");
14  #endif
15      return 0;
16  }
```

输出:

```
Windows
```

分析:

第 5 行：定义了 SYSTEM 宏。

第 8 行：在 #if 条件编译指令的部分进行了扩展：如果宏 SYSTEM 的值是 WINDOWS，则输出 Windows；如果 SYSTEM 的值是 MAC，则输出 Mac；如果 SYSTEM 的值是 LINUX，则输出 Linux。通过在不同的 #elif 下编写代码可以让这个程序实现对不同操作系统平台的支持。

和前面学习的 if else 结构类似，条件编译指令中的 #elif 可以有多个，而且最后也可以没有 #else，例如上面的程序中最后没有 #else。

13.3.3　#ifdef

条件编译指令 #ifdef 用来确定某一个宏是否已经被定义了，它需要和 #endif 一起使用。如果这个宏已经被定义了，就编译 #ifdef 到 #endif 中的内容，否则就跳过。

和 #if/#else/#endif 不同的是，#if/#else/#endif 用来从多段源码中选择一段编译，而 #ifdef 可以用来控制单独的一段源码是否需要编译，它的功能和一个单独的 #if/#endif 类似。

#ifdef 的一个应用是用来控制是否输出调试信息。接下来通过一个案例来演示 #ifdef 指令的使用，具体如例 13-9 所示。

例 13-9

```
1   #include <stdio.h>
2   #define DEBUG
3   int main()
4   {
5       int a = 1;
6   #ifdef DEBUG
7       printf("a = %d\n", a);
8   #endif
9       int b = 2;
10  #ifdef DEBUG
11      printf("b = %d\n", b);
12  #endif
13      int c = 3;
```

```
14  # ifdef DEBUG
15      printf("c = % d\n", c);
16  # endif
17      return 0;
18  }
```

输出：

```
a = 1
b = 2
c = 3
```

分析：

第 2 行：定义了宏 DEBUG，用来控制是否需要输出调试信息。

main 函数的主体部分非常简单：定义了整型变量 a、b、c，在每一次定义之后都有一条 printf 语句用来输出变量的值。由于 DEBUG 宏已经被定义，因此所有的 printf 都会被编译。

13.3.4　#ifndef

和 # ifdef 相反，# ifndef 用来确定某一个宏是否被定义，它也需要和 # endif 一起使用。它的用法和 # ifdef 相反：如果这个宏还没有被定义，那么就编译 # ifndef 到 # endif 中间的内容，否则就跳过。

ifndef 经常和 # define 一起使用，它们用来解决头文件中的内容被重复包含的问题。在一个源文件中如果相同的头文件被引用了两次，就很有可能出现类型重定义。下面是一个具体的例子：

在本例中有 3 个头文件 data.h、func1.h 和 func2.h，有 3 个源文件 13-10.c、func1.c 和 func2.c。首先是 data.h 文件的内容：

```
//data.h
struct data
{
    int i;
    int j;
};
```

在 data.h 文件中定义了一个结构体 data，它包含两个整型变量 i 和 j。

接下来是 func1.h 的内容：

```
//func1.h
# include "data.h"
int func1(struct data d);
```

func1. h 中声明了一个函数 func1，它的参数是一个结构体 data 类型的变量。在 func1. h 中引用了头文件 data. h。func1 函数的实现在源文件 func1. c 中：

```
//func1.c
# include "func1.h"
int func1(struct data d)
{
    return d.i + d.j;
}
```

类似地，在 func2. h 中也定义声明了一个函数 func2，它的参数也是一个 data 类型的结构体变量。在 func2. h 中引用了头文件 data. h：

```
//func2.h
# include "data.h"
int func2(struct data d);
```

func2 函数的实现在源文件 func2. c 中：

```
//func2.c
# include "func2.h"
int func2(struct data d)
{
    return d.i - d.j;
}
```

最后，在 main 函数中定义一个 data 类型的变量 d，并调用 func1 和 func2 两个函数，接下来通过一个案例来演示 # ifndef 指令的使用，具体如例 13-10 所示。

例 13-10

```
1   //13 - 10.c
2   # include "data.h"
3   # include "func1.h"
4   # include "func2.h"
5   # include < stdio.h >
6   int main()
7   {
8       struct data d = {2, 1};
9       printf("func1 函数返回值为：% d\n",func1(d));
10      printf("func2 函数返回值为：% d\n",func2(d));
11      return 0;
12  }
```

■ 输出：

```
d: \ com \ 1000phone \ chapter13 \ test13 \ data. h ( 3 ): error  C2011: ' data ': ' struct '
type redefinition
执行 cl.exe 时出错.
```

分析：

直接编译上述程序会发现编译无法通过，这是因为在 13-10. c 的源文件中，结构体 data 的定义被多次包含。具体地说，在第 1 行的 #include 指令将 data 的定义引入了一次，后两行引入的 func1. h 和 func2. h 中虽然没有定义 data，但是两个头文件都分别引用了 data. h，因此在 13-10. c 中将会看到三次 data 结构体的定义。

```
struct data
{
    int i;
    int j;
};
struct data
{
    int i;
    int j;
};
int func1(struct data d);
struct data
{
    int i;
    int j;
};
int func2(struct data d);
```

这样的 13-10. c 显然是不能通过编译的。虽然 data 只在 data. h 中被定义了一次，但是它在 main 函数中由于头文件之间的嵌套引用导致 data. h 最终被多次引用，从而导致在 13-10. c 中出现了结构体 data 的重复定义。

利用 #ifndef 和 #define 的组合可以解决这个问题。现在对 data. h 做如下的修改：

```
#ifndef _DATA_H_
#define _DATA_H_
struct data
{
    int i;
    int j;
};
#endif
```

修改后的 data. h 中包含了 #ifndef 的条件编译指令。注意在 #ifndef 的编译指令内部包括一条 #define 指令，当这一段代码初次编译时，宏 _DATA_H_ 尚未被定义，符合 #ifndef 的条件，因此结构体 data 的定义可以被编译。当 data. h 的内容再次被编译时，由于在初次编译时已经定义了宏 _DATA_H_，因此 #ifndef 的条件不符合，下面的代码段不被编译。这样就保证了在 13-10. c 中即使多次引用了 data. h，data 结构体的定义也仅仅被编译一次。利用 #ifndef 指令并经过预处理后的 13-10. c 文件相当于下面这个文件：

```
# ifndef _DATA_H_
# define _DATA_H_
struct data
{
    int i;
    int j;
};
# endif
# ifndef _DATA_H_
# define _DATA_H_
struct data
{
    int i;
    int j;
};
# endif
int func1(struct data d);
# ifndef _DATA_H_
# define _DATA_H_
struct data
{
    int i;
    int j;
};
# endif
int func2(struct data d);
```

■ 输出：

```
func1 函数返回值为：3
func2 函数返回值为：1
```

分析：

　　尽管 data 的定义还是出现了 3 次，由于有 # ifndef 的保护，结构体 data 定义只会被编译一次，当然，如果可能，还是应该尽量少在头文件中嵌套引用别的自定义头文件。为避免错误，通常的做法就是在每个头文件中使用 # ifndef 指令。

13.4　本章小结

　　通过本章的学习，能够掌握 C 语言中各式各样的预处理指令，重点要了解的是它们可以实现包含文件、有条件地进行编译、调试、文本替换等功能，这一切都是在编译程序之前进行的，所以叫预处理。当预处理操作完成后，会生成一个新的源代码文件给编译器,这个文件中删除了所有的预处理指令以及一些空白字符和注释语句。

13.5　习　　题

1. 填空题

(1) _____是最常用的预处理功能之一,对于预处理器而言,它在遇到宏定义之后,会对随后在源代码中出现的宏名进行简单的替换操作。

(2) 宏定义分为_____的宏定义和_____的宏定义。

(3) _____是指一个文件可以将另外一个文件的全部内容包含进来,Ｃ语言中通过♯include 指令来实现。

(4) _____指令用来告诉编译系统在不同的条件下,需要编译不同位置的源代码。

(5) 为了提供更多便利,预处理器支持_____指令,它的作用和 else if 语句类似,它还可以和♯if 指令结合使用。

2. 选择题

(1) 下面有关宏替换的叙述中,不正确的是(　　)。

    A. 宏名不具有类型　　　　　　　　　　B. 宏替换不占用运行时间

    C. 宏名必须用大写字母表示　　　　　　D. 宏替换只是字符替换

(2) 下列说法中正确的是(　　)。

    A. 用♯include 包含的头文件的后缀只能是. h

    B. 对头文件进行修改后,包含此头文件的源程序不必重新编译

    C. 宏命令是一行 Ｃ 语句

    D. Ｃ 编译中的预处理是在编译之前进行的

(3) 设有以下宏定义,则执行语句“int z = 4 * N + Y(3 + 2);”后,z 的值是(　　)。

```
♯define N 2
♯define Y(n) ((N + 2) * n)
```

    A. 28　　　　　　　　B. 18　　　　　　　　C. 22　　　　　　　　D. 出错

(4) 以下哪个不是条件编译的指令?(　　)

    A. ♯elif　　　　　　　B. ♯define　　　　　　C. ♯ifndef　　　　　　D. ♯ifdef

(5) 在以下关于带参数宏定义的描述中,正确的说法是(　　)。

    A. 宏名和它的参数都无类型　　　　　　B. 宏名有类型,它的参数无类型

    C. 宏名无类型,它的参数有类型　　　　　D. 宏名和它的参数都有类型

3. 思考题

(1) 请简述宏定义的概念。

(2) Ｃ 提供的预处理功能是哪 3 种?

（3）请简述带参宏定义与函数的区别。

（4）源文件如何根据♯include 来关联头文件？

（5）条件编译有哪些指令？

4. 编程题

（1）利用条件编译实现计算圆的面积和矩形的面积。

（2）利用文件包含实现计算圆的面积和矩形的面积。

（3）用宏定义实现交换两个数。

## 第14章

综合案例

## chapter 14

本章学习目标
- 理解控制台下的高级操作
- 掌握链表的使用

通过前面的学习,相信大家已经掌握了 C 语言的基础知识,为了提高大家的动手能力,本章将回顾一下所学知识,设计一个图书管理系统。

14.1　小应用: 图书管理系统

随着人类知识的进步,图书馆的规模不断扩大,图书数量也相应增加,但一些图书馆的工作还是手工完成,不便于动态调整图书结构。为了更好地适应图书馆的管理需求,我们可以用 C 语言开发一款图书管理系统。本节将介绍图书管理系统的需求分析、程序设计及具体代码。

14.1.1　需求分析

本图书管理系统是对图书信息进行集中管理,需要具备如下功能:
(1) 录入图书。可录入单本图书的编号、图书名、作者名等相关信息。
(2) 查询图书。按照输入选项进行相应的查询。
(3) 图书列表。输出所有图书的编号、图书名、作者名、出版社、类别、出版时间、价格。
(4) 删除图书。输入图书编号删除该图书的所有信息。
(5) 修改图书。输入图书编号修改除编号外的该图书的其他信息。
(6) 图书排序。按照输入选项进行排序。
(7) 退出系统。输入退出选项,退出登录界面。

14.1.2　数据结构设计

图书管理系统使用链表作为基本的存储结构。一本图书的属性包括图书编号(ID)、书名(bookname)、作者(author)、出版社(press)、图书类别(category)、出版日期(date)、

价格(price)等信息,这些属性可以放在一个结构体中,具体实现代码如下:

```
/* 书籍信息 */
typedef struct BOOK
{
    int ID;                          // 图书编号
    char bookName[50];               // 图书名
    char author[20];                 // 作者名
    char press[50];                  // 出版社
    char category[50];               // 类别
    char date[12];                   // 出版时间
    float price;                     // 价格
    struct BOOK * next;              // 下一个结点
} Book;
```

14.1.3　系统功能模块

首先,运行时会输出一个登录界面,当用户输入的用户名与密码匹配时,进入主界面。用户根据主界面来选择菜单选项。当选择某项时,会转到子函数中去执行,服务结束后,会从子函数中返回到菜单选项,当选择退出系统时,程序结束,图书管理系统的各模块功能如图 14.1 所示。

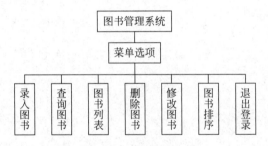

图 14.1　系统功能模块图

查看流程图可以发现,这个程序一共有 7 个大功能模块,只要分别实现这 7 个功能模块就完成一大半的工作,接下来详细讲解每个模块的实现。

14.2　代 码 实 现

14.2.1　登录界面与主界面

printIndexPage()函数用来输出登录界面,具体实现代码如下:

```
1   /* 输出登录界面 */
2   void printIndexPage()
```

```
 3 {
 4     printf(" ------------------------ 欢迎光临 ------------------------ \n");
 5     printf("                                                          \n");
 6     printf(" +------------------ 图书信息管理系统 ----------------+ \n");
 7     printf("|                                                    |\n");
 8     printf("|                 1 - 用户登录                        |\n");
 9     printf("|                                                    |\n");
10     printf("|                 0 - 退出系统                        |\n");
11     printf("|                                                    |\n");
12     printf(" +--------------------------------------------------+ \n\n");
13 }
```

输出主界面在 printHeader()函数中实现,具体实现代码如下:

```
 1 /* 输出主界面 */
 2 void printHeader()
 3 {
 4     printf(" ------------------- 图书信息管理系统 -------------------\n");
 5     printf("                                                          \n");
 6     printf(" += == == == == == == == == == == == == == == + \n");
 7     printf("|                                                    |\n");
 8     printf("|         1 - 录入图书信息    2 - 删除图书            |\n");
 9     printf("|                                                    |\n");
10     printf("|         3 - 图书列表        4 - 图书排序            |\n");
11     printf("|                                                    |\n");
12     printf("|         5 - 查询图书        6 - 修改图书            |\n");
13     printf("|                                                    |\n");
14     printf("|         0 - 退出登录                                |\n");
15     printf("|                                                    |\n");
16     printf(" += == == == == == == == == == == == == == == + \n\n");
17 }
```

14.2.2 录入图书信息

insertBook()函数实现录入单本图书信息的功能,具体实现代码如下:

```
 1 /* 录入单本图书的信息,并向链表中插入新的图书 */
 2 Book * insertBook(Book * head)
 3 {
 4     Book * ptr, * p1 = NULL, * p2 = NULL, * p = NULL;
 5     char bookName[50], author[20], press[50], category[50], date[12];
 6     int size = sizeof(Book);
 7     int bookID, n = 1;
 8     float price;
 9     while (1)
10     {
11         printf("请输入图书编号: ");
```

```
12          scanf("%d", &bookID);
13          getchar();
14          n = checkBookID(head, bookID);
15          if (n == 0)
16          {
17              break;
18          }
19          else
20          {
21              printf("您输入的编号已存在,请重新输入!\n");
22          }
23      }
24      printf("请输入图书名: ");
25      scanf("%s", bookName);
26      getchar();
27      printf("请输入作者名: ");
28      scanf("%s", author);
29      getchar();
30      printf("请输入出版社: ");
31      scanf("%s", press);
32      getchar();
33      printf("请输入类别: ");
34      scanf("%s", category);
35      getchar();
36      printf("请输入出版时间: ");
37      scanf("%s", date);
38      getchar();
39      printf("请输入价格: ");
40      scanf("%f", &price);
41      getchar();
42      /* 创建新链表结点 */
43      p = (Book *)malloc(size);
44      p->ID = bookID;
45      strcpy(p->bookName, bookName);
46      strcpy(p->author, author);
47      strcpy(p->press, press);
48      strcpy(p->category, category);
49      strcpy(p->date, date);
50      p->price = price;
51      p->next = NULL;
52      if (head == NULL)
53      {
54          head = p;
55          return head;
56      }
57      /* 链表操作 */
58      p2 = head;
59      ptr = p;
```

```
60        /* 将结点插入链表,同时保持链表中的结点按照 ID 升序排列 */
61        /* 查找应当插入的位置,或链表的尾结点 */
62        while ((ptr -> ID > p2 -> ID) && (p2 -> next != NULL))
63        {
64            p1 = p2;
65            p2 = p2 -> next;
66        }
67        if (ptr -> ID <= p2 -> ID)
68        {
69            if (head == p2)
70            {
71                /* 插入链表开头的情况,需要让头结点指向新的结点 */
72                head = ptr;
73            }
74            else
75            {
76                /* 插入链表中间的情况,需要让前一个结点 p1 的 next 域指向新的结点 */
77                p1 -> next = ptr;
78            }
79            /* 让新结点的 next 域指向 p2 */
80            p -> next = p2;
81        }
82        else
83        {
84            /* 插入链表结尾的情况,让新结点的 next 域为 NULL */
85            p2 -> next = ptr;
86            p -> next = NULL;
87        }
88        return head;
89    }
```

📄 **分析:**

第 9～23 行:通过 while 循环来输入图书编号,直到输入的编号不存在,结束循环。

第 24～41 行:输入相应的图书信息。

第 44～51 行:给相应的链表结点成员赋值。

第 52～56 行:如果头结点为空,将 p 赋值给 head,最终返回 head。

在 insertBook()函数中,checkBookID()函数用来检查图书编号是否已经存在,具体实现代码如下:

```
1    /* 验证添加的图书编号是否已存在 */
2    int checkBookID(Book * head, int m)
3    {
4        Book * p;
5        p = head;
6        while (p != NULL)
7        {
```

```
8          if (p-> ID == m)
9          {
10             break;
11         }
12         p = p-> next;
13     }
14     if (p == NULL)
15     {
16         return 0;
17     }
18     else
19     {
20         return 1;
21     }
22 }
```

📑 **分析：**

第 6～13 行：如果 p 不为 NULL，执行循环。循环体中，当添加的编号存在时，结束循环；否则，使 p 指向下一个结点。

第 14～17 行：如果 p 为 NULL，函数返回 0，表示添加的编号在链表中不存在。

第 18～21 行：如果 p 不为 NULL，函数返回 1，表示添加的编号在链表中存在。

14.2.3 图书信息查询

query()函数用来进行图书信息的查询，本图书管理系统支持按照图书编号、名称、类别、作者和出版时间进行查询。query()函数的实现代码如下：

```
1  /* 图书查询 */
2  void query(Book * head)
3  {
4      int option;
5      printf(" +== == == == == == == == == == == == == == = + \n");
6      printf("|                                              |\n");
7      printf("|        1 - 按编号查询        2 - 按书名查询        \n");
8      printf("|                                              |\n");
9      printf("|        3 - 按类别查询        4 - 按作者查询        \n");
10     printf("|                                              |\n");
11     printf("|        5 - 按出版时间查询     0 - 退出查询         \n");
12     printf("|                                              |\n");
13     printf(" +== == == == == == == == == == == == == == = + \n\n");
14     option = getUserOption(5);
15     switch (option)
16     {
17     case 0:
18         break;
```

```
19      case 1:
20          queryByBookID(head);
21          break;
22      case 2:
23          queryByName(head);
24          break;
25      case 3:
26          queryByCategory(head);
27          break;
28      case 4:
29          queryByAuthor(head);
30          break;
31      case 5:
32          queryByDate(head);
33          break;
34      default:
35          printf("您的输入有误!\n");
36          break;
37      }
38 }
```

📋 **分析：**

第 5～13 行：输出图书查询界面。

第 15～37 行：通过 switch 语句实现多分支选择。

在 query()函数中，getUserOption()函数用来获取用户输入的数字选项，具体实现代码如下：

```
1  /* 辅助函数,获取用户输入的选项 */
2  int getUserOption(int maxOption)
3  {
4      int option;
5      printf("请输入您的选项(0 - %d): ", maxOption);
6      scanf("%d", &option);
7      getchar();
8      while (option > maxOption || option < 0)
9      {
10         printf("选项无效,请重新输入: ");
11         scanf("%d", &option);
12         getchar();
13     }
14     return option;
15 }
```

📋 **分析：**

第 8～13 行：通过 while 循环接收用户输入，直到用户输入的整数在 0～maxOption

之间退出循环。

第 14 行：函数返回用户输入的选项。

为节约篇幅，在此仅提供根据图书 ID 进行查询的 queryByBookID( )函数示例，queryByName( )函数、queryByCategory( )函数、queryByAuthor( )函数、queryByDate( )函数的实现可以参考 queryByBookID( )函数的代码。queryByBookID( )函数的具体实现代码如下：

```
1  /* 按图书编号查询图书信息 */
2  void queryByBookID(Book * head)
3  {
4      int id;
5      Book * p;
6      printf("请选择您要查询的图书编号：");
7      scanf("%d", &id);
8      getchar();
9      p = head;
10     while (p != NULL)
11     {
12         if (p->ID == id)
13         {
14             break;
15         }
16         p = p->next;
17     }
18     if (p == NULL)
19     {
20         printf("没有找到编号为 %d 的图书。\n", id);
21     }
22     else
23     {
24         printf("                        您所查询的图书信息如下              \n");
25         printf(" == == == == == == == == == == == == == ==\n");
26         printf(" 编号    图书名   作者名   出版社   类别   出版时间   价格\n");
27         printf(" %-4d   %-6s   %-6s   %-6s   %-4s   %-8s   %.02f\n",
               p->ID, p->bookName, p->author, p->press, p->category, p->date, p->
               price);
28         printf(" == == == == == == == == == == == == == ==\n");
29     }
30 }
```

📃 **分析：**

第 10~17 行：如果 p 不为 NULL，执行循环。循环体中，当输入的编号在链表中存在时，结束循环；否则，使 p 指向下一个结点。

第 18~21 行：如果 p 为 NULL，表示没有找到要查找的图书编号。

第 22~29 行：如果 p 不为 NULL，表示找到要查找的图书编号并通过 printf 函数打印到屏幕上。

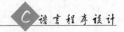

14.2.4　图书信息列表

listBook()函数通过遍历整张链表列出全部书目,具体实现代码如下:

```
1  /* 列出所有书目 */
2  void listBook(Book * head)
3  {
4      Book * ptr;
5      if (head == NULL)
6      {
7          printf("\n 没有信息!\n");
8          return;
9      }
10     printf("                        全部图书信息                   \n");
11     printf(" == == == == == == == == == == == == == == == ==\n");
12     printf(" 编号     图书名    作者名    出版社   类别    出版时间    价格\n");
13     /* 遍历整个链表,输出每一项的信息 */
14     for (ptr = head; ptr; ptr = ptr->next)
15     {
16         printf(" %-4d   %-6s   %-6s   %-6s   %-4s   %-8s   %.02f\n",
           ptr->ID, ptr->bookName, ptr->author, ptr->press, ptr->category, ptr->
           date, ptr->price);
17     }
18     printf(" == == == == == == == == == == == == == == == ==\n");
19 }
```

分析:

第 5~9 行:如果链表头结点为空,表示没有图书,通过 return 返回。

第 10~18 行:通过 printf 函数输出全部图书信息。

14.2.5　删除图书信息

removeBook()可以实现从数据库中删除单本图书的功能。当数据库中只有一本图书信息时,会自动提示是否清空数据库,具体实现代码如下:

```
1  /* 删除图书信息 */
2  void removeBook(Book * head)
3  {
4      int a;
5      char b;
6      Book * p1, * p2 = NULL;
7      FILE * fp;
8      printf("请输入要删除的图书编号: ");
9      scanf(" % d", &a);
10     getchar();
```

```
11      p1 = head;
12      if (p1 -> ID == a && p1 -> next == NULL)
13      {
14          printf("是否清空数据库?");
15          b = getUserChoice();
16          switch (b)
17          {
18          case 'y':
19              if ((fp = fopen(DATA_FILE, "w")) == NULL)
20              {
21                  printf("打开数据库文件 %s 时发生错误。\n", DATA_FILE);
22                  return;
23              }
24              fclose(fp);
25              printf("数据库已清空。\n");
26              break;
27          case 'n':
28              break;
29          }
30      }
31      else
32      {
33          while (p1 -> ID != a && p1 -> next != NULL)
34          {
35              p2 = p1;
36              p1 = p1 -> next;
37          }
38          if (p1 -> next == NULL)
39          {
40              if (p1 -> ID == a)
41              {
42                  p2 -> next = NULL;
43                  printf("是否确定从数据库中彻底删除该图书?");
44                  b = getUserChoice();
45                  switch (b)
46                  {
47                  case 'y':
48                      writeToFile(head);
49                      printf("删除成功。\n");
50                      getchar();
51                      break;
52                  case 'n':
53                      break;
54                  }
55              }
56              else
57              {
58                  printf("没有找到要删除的数据!\n");
```

```
59              getchar();
60          }
61      }
62      else if (p1 == head)
63      {
64          head = p1->next;
65          printf("是否确定从文件中彻底删除该图书?");
66          b = getUserChoice();
67          switch (b)
68          {
69          case 'y':
70              writeToFile(head);
71              printf("删除成功。\n");
72              getchar();
73              break;
74          case 'n':
75              break;
76          }
77      }
78      else
79      {
80          p2->next = p1->next;
81          printf("是否确定从文件中彻底删除该图书?");
82          b = getUserChoice();
83          switch (b)
84          {
85          case 'y':
86              writeToFile(head);
87              printf("删除成功。\n");
88              getchar();
89              break;
90          case 'n':
91              break;
92          }
93      }
94  }
95 }
```

📝 **分析：**

第 12～30 行：if 语句中的条件为链表中只有一个结点并且该结点为要删除的结点。

第 16～29 行：通过 switch 语句来判断用户是否清空数据库。

第 33～37 行：遍历链表，直到查找到需要删除的图书编号或链表的最后一个结点为止。

第 40～55 行：处理链表的最后一个结点为需要删除图书的情况。

第 56～60 行：处理没有查找到需要删除图书的情况。

第 62～77 行：处理链表中不止一个结点并且第一个结点为需要删除的结点。

第 78～93 行：处理需要删除的结点为链表除头尾外的其他结点。

在 removeBook() 函数中，getUserChoice() 函数用来获取用户输入的"是(y)/否(n)"选项，具体实现代码如下：

```
1   /* 辅助函数,获取用户的选择(y/n) */
2   char getUserChoice()
3   {
4       char op;
5       printf("请输入您的选择(y/n): ");
6       op = getchar();
7       getchar();
8       while (op != 'y' && op != 'n')
9       {
10          printf("您的选择无效,请重新输入(y/n): ");
11          op = getchar();
12          getchar();
13      }
14      return op;
15  }
```

分析：

第 8～13 行：通过 while 循环直到用户输入 y 或 n 退出循环，否则，提示用户重新输入。

在 removeBook() 函数中，writeToFile() 函数可以将整个图书信息链表转存到数据库中，本案例中用文件代替数据库。具体实现代码如下：

```
1   /* 将整个链表写入数据库中 */
2   void writeToFile(Book * head)
3   {
4       FILE * fp;
5       Book * p1;
6       if ((fp = fopen(DATA_FILE, "w")) == NULL)
7       {
8           printf("打开数据库文件 %s 时发生错误。\n", DATA_FILE);
9           return;
10      }
11      for (p1 = head; p1; p1 = p1->next)
12      {
13          fprintf(fp, "%d %s %s %s %s %s %.02f\n", p1->ID, p1->bookName, p1->
            author, p1->press, p1->category, p1->date, p1->price);
14      }
15      fclose(fp);
16  }
```

分析：

第 6～10 行：处理打开或创建文件失败的情况。

第 11~14 行：通过 for 循环依次将链表中的图书信息通过 fprintf() 函数按照一定格式输出到文件中。

14.2.6　修改图书信息

modifyBook() 函数可以用来修改图书信息，输入要修改的图书编号，然后依次修改该编号图书的所有信息，具体实现代码如下：

```
1   /* 修改图书信息 */
2   void modifyBook(Book * head)
3   {
4       int id;
5       Book * p;
6       printf("请选择您要修改的图书编号：");
7       scanf("%d", &id);
8       getchar();
9       p = head;
10      while (p != NULL)
11      {
12          if (p->ID == id)
13              break;
14          p = p->next;
15      }
16      if (p == NULL)
17      {
18          printf("没有找到编号为 %d 的图书。\n", id);
19      }
20      else
21      {
22          printf("请输入图书编号：");
23          scanf("%d", &p->ID);
24          getchar();
25          printf("请输入图书名：");
26          scanf("%s", p->bookName);
27          getchar();
28          printf("请输入作者名：");
29          scanf("%s", p->author);
30          getchar();
31          printf("请输入出版社：");
32          scanf("%s", p->press);
33          getchar();
34          printf("请输入类别：");
35          scanf("%s", p->category);
36          getchar();
37          printf("请输入出版时间：");
38          scanf("%s", p->date);
39          getchar();
```

```
40          printf("请输入价格：");
41          scanf("%f", &p->price);
42          getchar();
43          writeToFile(head);
44      }
45  }
```

📋 **分析：**

第 10~15 行：通过 while 循环遍历链表，直到查找到要修改的图书编号跳出循环。

第 16~19 行：处理没有查找到需要修改图书的情况。

第 20~44 行：处理查找到需要修改图书的情况。

14.2.7　图书信息排序

sort() 函数用来进行图书信息的排序，本图书管理系统支持按照图书编号、名称、价格、作者和出版时间进行排序。sort() 函数的具体实现代码如下：

```
1   /* 图书排序 */
2   void sort(Book * head)
3   {
4       int option;
5       printf("+== == == == == == == == == == == == == == = +\n");
6       printf("|                                             |\n");
7       printf("|    1 - 按图书编号排序        2 - 按出版时间排序     |\n");
8       printf("|                                             |\n");
9       printf("|    3 - 按图书价格排序        4 - 按图书名排序      |\n");
10      printf("|                                             |\n");
11      printf("|    5 - 按作者名排序          0 - 取消排序操作     |\n");
12      printf("|                                             |\n");
13      printf(" == == == == == == == == == == == == == == = +\n");
14      option = getUserOption(5);
15      switch (option)
16      {
17      case 0:
18          break;
19      case 1:
20          sortByID(head);
21          break;
22      case 2:
23          sortByDate(head);
24          break;
25      case 3:
26          sortByPrice(head);
27          break;
28      case 4:
```

```
29          sortByName(head);
30          break;
31      case 5:
32          sortByAuthor(head);
33          break;
34      default:
35          printf("您的输入有误!\n");
36          break;
37      }
38  }
```

📑 **分析：**

第 5～13 行：输出图书排序界面。

第 15～37 行：通过 switch 语句实现多分支选择。

为节约篇幅，在此提供根据图书 ID 进行排序的示例 sortByID()函数，sortByName()、sortByDate()函数、sortByPrice()函数、sortByAuthor()函数的实现可以参考 sortByID()函数的代码。sortByID()函数的具体实现代码如下：

```
1   /* 按图书编号排序 */
2   void sortByID(Book * head)
3   {
4       Book ** books;
5       Book * p1, * temp;
6       int i, k, index, n = countBook(head);
7       char b;
8       books = malloc(sizeof(Book * ) * n);
9       p1 = head;
10      for (i = 0; i < n; i++)
11      {
12          books[i] = p1;
13          p1 = p1->next;
14      }
15      for (k = 0; k < n - 1; k++)
16      {
17          index = k;
18          for (i = k + 1; i < n; i++)
19          {
20              if (books[i]->ID < books[index]->ID)
21              {
22                  index = i;
23              }
24          }
25          temp = books[index];
26          books[index] = books[k];
27          books[k] = temp;
28      }
```

```
29        printf("排序成功!\n");
30        printf("是否显示排序结果?");
31        b = getUserChoice();
32        switch (b)
33        {
34        case 'n':
35            break;
36        case 'y':
37            printf(" == == == == == == == == == == == == == ==\n");
38            printf(" 编号    图书名    作者名    出版社    类别    出版时间    价格\n");
39            for (i = 0; i < n; i++)
40            {
41                printf(" %-4d    %-6s    %-6s    %-6s    %-4s    %-8s    %.02f\
                  n", books[i]->ID, books[i]->bookName, books[i]->author, books[i]->
                  press, books[i]->category, books[i]->date, books[i]->price);
42            }
43            printf(" == == == == == == == == == == == == == ==\n");
44            break;
45        default:
46            printf("您的输入有误。\n");
47            break;
48        }
49        free(books);
50        books = NULL;
51 }
```

分析：

第 8 行：通过 malloc 函数在堆上分配一块 sizeof(Book *) * n 大小的内存。

第 10～14 行：通过 for 循环遍历链表，把链表中的所有结点复制到堆内存上。

第 15～28 行：通过选择排序法由小到大对图书编号进行排序。

第 49 行：释放堆上申请的内存空间。

在 sortByID() 函数中，countBook() 函数用来获取当前数据库中书目的数量，具体实现代码如下：

```
1  /* 统计图书数量 */
2  int countBook(Book * head)
3  {
4      int count = 0;
5      Book *p = head;
6      while (p != NULL)
7      {
8          ++count;
9          p = p->next;
10     }
11     return count;
12 }
```

分析：

第6～10行：通过 while 循环遍历链表，每次循环使 count 加 1，再使指针指向下一个结点，直到链表尾部为止。

第11行：返回链表结点数，即图书数量。

14.2.8　主函数

主函数主要实现登录界面，登录界面需要完成简单的身份认证机制。用户名和密码以常量的形式定义在程序中。图书管理系统中使用到的常量可以通过宏定义实现，具体实现代码如下：

```
1   #ifndef _FUNC_H_
2   #define _FUNC_H_
3   /* 预先设定好的用户名和密码 */
4   #define USERNAME "admin"
5   #define PASSWORD "admin"
6   /* 数据文件的文件名 */
7   #define DATA_FILE "bookinfo.db"
8   #define ACTION_EXIT   0
9   #define ACTION_LOGIN 1
10  #define ACTION_ADD_BOOK 1
11  #define ACTION_REMOVE_BOOK 2
12  #define ACTION_LIST_BOOK 3
13  #define ACTION_SORT_BOOK 4
14  #define ACTION_QUERY_BOOK 5
15  #define ACTION_MODIFY_BOOK 6
```

主函数中重要的功能是：用户登录时输入的密码不能以明文形式显示在屏幕上，而是要变成星号（*）显示出来，从而保证密码的安全。具体实现代码如下：

```
1   /* 主函数 */
2   int main()
3   {
4       /* 存储用户的选择 */
5       int choice;
6       int continueFlag = 1;
7       while (continueFlag)
8       {
9           system("cls");
10          printIndexPage();
11          choice = getUserOption(1);
12          switch (choice)
13          {
14          case ACTION_EXIT:
15              continueFlag = 0;
```

```
16              break;
17      case ACTION_LOGIN:
18      {
19              char inputBufferUsername[100];
20              char inputBufferPassword[100];
21              char charInput = 0;
22              /* inputBufferPassword 的当前位置 */
23              int pos = 0;
24              printf("请输入您的用户名: ");
25              gets(inputBufferUsername);
26              printf("请输入您的密码: ");
27              /* 对于密码输入,不显示输入的字符 */
28              /* 使用_getch() 函数实现这个功能 */
29              charInput = _getch();
30              while (charInput != '\r')
31              {
32                      if (charInput == '\b')
33                      {
34                              /* 退格键 */
35                              if (pos > 0)
36                              {
37                                      /* 将当前位置后移一位,相当于删除一个字符 */
38                                      --pos;
39                                      /* 用空格覆盖刚才的星号,并退格 */
40                                      printf("\b \b");
41                              }
42                      }
43                      else
44                      {
45                              inputBufferPassword[pos] = charInput;
46                              /* 将当前位置前移一位 */
47                              ++pos;
48                              /* 输出一个星号 */
49                              printf("*");
50                      }
51                      charInput = _getch();
52              }
53              /* 使用空字符作为 inputBufferPassword 的字符串结束符 */
54              inputBufferPassword[pos] = 0;
55              /* 输出一个额外的换行 */
56              printf("\n");
57              /* 用户名不要求大小写完全一致,密码要求大小写一致 */
58              if (!_stricmp(inputBufferUsername, USERNAME) &&
59                      !strcmp(inputBufferPassword, PASSWORD))
60              {
61                      printf("验证通过!按任意键进入系统。\n");
62                      _getch();
63                      enterManagementInterface();
```

```
64                }
65            else
66            {
67                printf("验证失败,请检查用户名和密码是否正确输入。\n");
68                _getch();
69            }
70            break;
71        }
72        }
73    }
74    return 0;
75 }
```

分析:

第 30~52 行: 如果按键为 '\r',则结束密码输入过程。

第 32~42 行: 如果按键为退格键 '\b',则删除记录数组中的最后一个元素,同时使用 printf 输出 "\b \b",意为先倒退一格,再输出一个空格覆盖之前的星号,最后再倒退一格。

第 43~50 行: 如果按键为正常的字母、数字或符号,则记录到一个数组中,并输出一个星号。

第 58~69 行: 判断用户输入的用户名与密码是否匹配,用户名不要求大小写完全一致,密码要求大小写一致。

在 main 函数中,enterManagementInterface() 函数实现主菜单,具体实现代码如下:

```
1   /* 主菜单 */
2   void enterManagementInterface()
3   {
4       /* 链表 */
5       Book * bookList = NULL;
6       int continueFlag = 1;
7       int option;
8       int choice;
9       while (continueFlag)
10      {
11          system("cls");
12          printHeader();
13          option = getUserOption(7);
14          system("cls");
15          switch (option)
16          {
17          case ACTION_EXIT:
18              continueFlag = 0;
19              break;
20          case ACTION_ADD_BOOK:
```

```
21              bookList = loadFromFile();
22              if (bookList == NULL)
23              {
24                  getchar();
25                  break;
26              }
27              if (bookList == (void * )1)
28              {
29                  bookList = NULL;
30              }
31              bookList = insertBook(bookList);
32              printf("添加成功!\n");
33              printf("是否将新信息保存到文件?");
34              choice = getUserChoice();
35              if (choice == 'y')
36              {
37                  writeToFile(bookList);
38                  printf("保存成功!\n");
39                  getchar();
40              }
41          break;
42      case ACTION_REMOVE_BOOK:
43              bookList = loadFromFile();
44              if (bookList == NULL || bookList == (void * )1)
45              {
46                  getchar();
47                  break;
48              }
49              else
50              {
51                  removeBook(bookList);
52                  getchar();
53                  break;
54              }
55      case ACTION_LIST_BOOK:
56              bookList = loadFromFile();
57              if (bookList == NULL || bookList == (void * )1)
58              {
59                  getchar();
60                  break;
61              }
62              else
63              {
64                  listBook(bookList);
65                  getchar();
66                  break;
67              }
68      case ACTION_SORT_BOOK:
```

```
69          bookList = loadFromFile();
70          if (bookList == NULL || bookList == (void * )1)
71          {
72              getchar();
73              break;
74          }
75          else
76          {
77              sort(bookList);
78              getchar();
79              break;
80          }
81      case ACTION_QUERY_BOOK:
82          bookList = loadFromFile();
83          if (bookList == NULL || bookList == (void * )1)
84          {
85              getchar();
86              break;
87          }
88          else
89          {
90              query(bookList);
91              getchar();
92              break;
93          }
94      case ACTION_MODIFY_BOOK:
95          bookList = loadFromFile();
96          if (bookList == NULL || bookList == (void * )1)
97          {
98              getchar();
99              break;
100         }
101         else
102         {
103             modifyBook(bookList);
104             getchar();
105             break;
106         }
107     default:
108         printf("您的输入有误,请重新输入!\n");
109         getchar();
110         break;
111     }
112 }
113 destroyBookList(bookList);
114 }
```

📑 **分析：**

第 15～112 行：通过 switch 语句实现多分支选择。

第 17～19 行：处理退出登录的情况。

第 20～41 行：处理录入图书的情况。

第 42～54 行：处理删除图书的情况。

第 55～67 行：处理图书列表的情况。

第 68～80 行：处理图书排序的情况。

第 81～93 行：处理图书查询的情况。

第 94～106 行：处理修改图书的情况。

在 enterManagementInterface() 函数中，loadFromFile() 函数实现了从数据库文件中
逐条读入图书信息并根据图书信息创建链表，具体实现代码如下：

```
1    /* 从数据库中读取图书信息 */
2    Book * loadFromFile()
3    {
4        FILE * fp;
5        int len;
6        Book * head, * tail, * p1;
7        head = tail = NULL;
8        if ((fp = fopen(DATA_FILE, "r")) == NULL)
9        {
10           printf("打开数据库文件 %s 时发生错误。\n", DATA_FILE);
11           return NULL;
12       }
13       fseek(fp, 0, SEEK_END);
14       len = ftell(fp);
15       fseek(fp, 0 ,SEEK_SET);
16       if (len != 0)
17       {
18           while (!feof(fp))
19           {
20               p1 = (Book * )malloc(sizeof(Book));
21               fscanf(fp, "%d%s%s%s%s%s%s%f\n", &p1 -> ID, p1 -> bookName, p1 ->
                 author, p1 -> press, p1 -> category, p1 -> date, &p1 -> price);
22               if (head == NULL)
23               {
24                   head = p1;
25               }
26               else
27               {
28                   tail -> next = p1;
29               }
30               tail = p1;
```

```
31              }
32              tail->next = NULL;
33              fclose(fp);
34              return head;
35          }
36      else
37          {
38              printf("数据库文件为空!\n");
39              fclose(fp);
40              return (void*)1;
41          }
42  }
```

分析：

第 8～12 行：处理打开文件失败的情况。

第 13～14 行：获取文件长度。

第 16～35 行：文件不为空，通过 while 循环依次将文件的内容通过 fscanf 函数以指定格式读取到指定变量中。

第 36～41 行：文件为空，关闭文件并返回。

在 enterManagementInterface ( ) 函数中，destroyBookList ( ) 函数用来释放在 loadFromFile() 函数中创建链表时分配的内存空间，具体实现代码如下：

```
1   /* 释放链表 */
2   void destroyBookList(Book * head)
3   {
4       Book * p;
5       if (head == NULL)
6       {
7           return;
8       }
9       Book * p = head->next;
10      while (p)
11      {
12          head->next = p->next;
13          free(p);
14          p = head->next;
15      }
16      free(head);
17      head = NULL;
18  }
```

分析：

第 10～15 行：通过 while 循环依次释放除头结点外的其他结点所占用的堆空间。

第 16 行：释放头结点占用的堆空间。

　　至此,一个简单图书管理系统的基本功能已实现,上面几个未实现的函数,读者可以仿照给出的代码自己动手实现,此外,学有余力的读者可以结合自己认识图书馆的特点进一步优化代码,提高解决问题的能力。

14.2.9　程序运行效果

输出:

登录界面如下图所示。

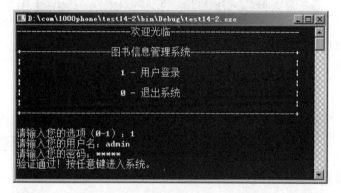

主界面如下图所示。

录入图书信息效果如下图所示。

图书信息查询效果如下图所示。

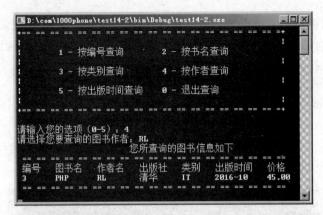

图书信息列表如下图所示。

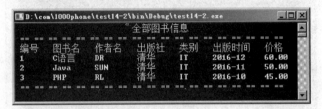

删除图书信息如下图所示。

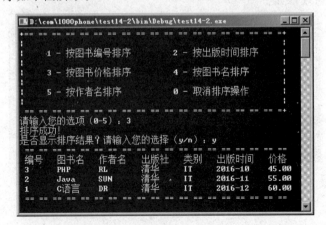

修改图书信息如下图所示。

图书信息排序如下图所示。

14.3 本 章 小 结

通过本章的学习,能够掌握 C 语言的开发流程和技巧,重点要了解的是程序开发的流程及设计思想,熟练运用 C 语言基础知识,可提高运用 C 语言解决实际问题的能力。

14.4 习   题

思考题

(1) 本章中的图书管理系统具有哪些功能?

(2) 请简述程序中使用 getch()函数实现用户登录的整体思路。

(3) 本系统中用于对图书进行排序的函数有哪些?

(4) 程序中用到了哪几个辅助函数?